新特産シリーズ

ヒツジ

飼い方・楽しみ方

河野博英＝著

農文協

母羊と子羊

（写真：平林美紀）

生まれたばかりの子羊は羊水で濡れている。体温が下がらないように、できるだけ早く母羊が体を舐めて乾かしてあげなければならない

クリープ柵内の子羊たち。母羊のいないところでは体が冷えないように、互いに体を寄せ合って眠る

子羊は母羊に寄り添い、母羊のまねをすることで生きるための術を身につける

群れで生きる

ヒツジには群れの中の1頭が移動を始めると、それに追随する習性がある。広い草地では、このように隊列を作って移動する光景をよく見かける

春

放牧地へ一目散。ヒツジにとってのごちそうはなんといっても
生の牧草。放牧地への扉を開けるとわれ先に走っていく

海風に当たったミネラル豊富な草地に放された
サフォーク種の放牧風景

夏

秋

「食欲の秋」や「馬肥ゆる秋」というが、
繁殖期の雌羊たちも食欲旺盛である

冬

ヒツジは寒さに強い。
雪の中でも運動は欠かせない

羊毛

季節は春。毛刈りは羊毛の収穫とヒツジの健康管理のために、羊飼いとして身につけなければならない技術である

羊毛にはクリンプ（捲縮）があり、繊維が波状になっている。このクリンプがあることによって羊毛は絡みやすく、糸に紡ぎやすい。また、繊維の間に空気を多く含むので保温性に優れる

珍しい種類

マンクス・ロフタン　イギリスの自治島であるマン島で1,000年以上前から飼育されていた。ロフタンとはバイキングの言葉で「小さな愛らしい茶色いやつ」という意味

ジェイコブ　ヘブライ語ではヤコブ(聖書に登場する信仰の父アブラハムの孫)。彼は歴史上初めて異種間交配を試みた人物とされており、まだらのヒツジをたくさん飼育していたといわれる

まえがき

１９８１年の春、岩手種畜牧場に勤務していた私は、それまで担当していた乳用牛からめん羊（ヒツジ）の担当になった。当時の日本国内のヒツジ飼養頭数は１５９００頭。現在と大きな差はないが、羊肉ブームの到来で、品種が日本コリデールからサフォークへと変わりつつあり、年々飼養頭数が増加している時代であった。

岩手種畜牧場のヒツジ担当者は私ひとり。ヒツジのことなど学生時代にも習ったことがないし、職場にも教えてくれる人はいない。担当者となった以上、ヒツジのことを勉強しなければと職場にある本を全て読んだ。といってもヒツジに関する本がそれほど多くあったわけではなく、よく分からないまま、これまで行なわれてきた業務をそのまま、まねすることしかできなかった。

ヒツジの仕事に就いて1年が経った頃、書店で1冊の本を見つけた。当時、北海道の滝川畜産試験場でめん羊科長だった平山秀介先生が書かれた農文協の『特産シリーズ　めん羊』である。Ｂ６判の小さなその本には、飼育のノウハウやヒツジに関するたくさんの情報が詰め込まれており、私はその本を常に持ち歩いていた。

あれから36年の時が過ぎたが、平山先生とは、今も北海道で行なわれているめん羊共進会の審査員を一緒にやらせていただいている。

定年を間近に迎えたある日、農文協の担当者から「最近、ヒツジの本が欲しいという要望が多いが、新しいものがない。ついては、『特産シリーズ　めん羊』の第2弾を作りたいので書いてほしい」との依頼があった。かつてバイブルとして使っていたあの本を今度は私が書くとは、光栄の極みである。少し荷が重くも感じたが、平山先生と同じように、私も長くヒツジ飼育に携わってきた者の責任としてこの本を書かせていただくことにした。

私は農林水産省および家畜改良センターの職員として、主にヒツジの飼養管理や繁殖技術の開発の仕事に従事してきたが、職場に寄せられる数々の質問や問い合わせに答えるのも私の役割であり、ときには電話で分娩介助の手伝いをすることもあった。受話器から聞こえる声を頼りに現場の状況を頭に思い浮かべながらアドバイスを送ること小一時間。「生まれました！」の声にこちらも思わず喜びの声を上げてガッツポーズ。それにしても、２００km以上も離れたところから難産の助けを求めて電話をかけてくるとは、よほど頼れるところが少ないのだろう。たしかに国内にはヒツジの技術者と呼べる人は数少なく、公的機関での関連業務も以前に比べて縮小されている。しかし、そんな中でも新たにヒツジを飼いたい、ヒツジのことを勉強したいという人がたくさんいることも事実である。この本はそういう人たちのために書かせていただいた。決して十分な内容とはいえないが、「ヒツジ飼育の入門書」として活用していただければ幸いである。

２０１９年1月

河野　博英

目次

第3章　飼育の準備

第4章　飼育管理の実際

第5章　羊肉の利用・羊毛の利用

第1章 ヒツジ飼育に取り組む人たち

ひとくちにヒツジ飼育といっても、その規模や飼い方は実に多様だ。ここではそのいくつかの例を出しながら、ヒツジとのつきあい方、飼っている人の考え方などを紹介したい。

1　専業牧場の例

茶路めん羊牧場・800頭（北海道）　武藤浩史さん

所在地　北海道白糠郡白糠町茶路基線88—1

〈これまでのあゆみ〉

１９５８年　京都市出まれ

１９８４年　帯広畜産大学畜産学部修士課程修了（福井豊・帯広畜産大学名誉教授に師事）

１９８４〜１９８５年　カナダ、アルバータ州にて農業研修

１９８５〜１９８７年　帯広のヤギ、ヒツジの牧場（株）道東化学）で管理業務に従事

家族と牧場職員（2015年当時）

1987年　白糠町でヒツジ35頭とともに茶路めん羊牧場を開設
1991年　食肉処理業の許可取得。肉の販売開始
2003年　食肉製造、惣菜製造許可取得。加工品の製造販売に着手
2006年　農業法人有限会社茶路めん羊牧場を大学の後輩、鎌田周平とともに設立。従来のサフォーク種に加え、ポールドーセット種70頭をオーストラリアより輸入
2015年　直営レストラン「ファームレストランクオーレ」開業

〈経営の概要〉

・経営規模　飼養総頭数700～800頭（季節によって子羊の数は変動）。繁殖雌羊340頭。種雄羊18頭。更新用育成羊70頭。肉用300頭
・品種　サフォーク種とポールドーセット種、それらの交雑種が主体。その他マンクス・ロフタンなどの希少種他数種類

舎内の子羊たち

放牧地へ移動するサフォーク

・草地　放牧地20ha
・販売品　肉、内臓、肉加工品、羊毛、羊毛製品、血液、石鹸
・販売ルート　肉は全て直販、顧客は飲食店と個人（これまでに築いたネットワーク、口コミやＷｅｂサイトを駆使）、枝肉から内臓まで２５０ｇから販売
・販売数量　肉の販売は１９９１年からスタートして、ここ5年は約４００頭／年を出荷。枝肉ベースで約10ｔ。羊毛は原毛ベースで２０１７年度は８００kg。ムートンなどの毛皮は30枚程度。生体販売は種雄羊として、３～5頭／年
・労力　代表取締役・武藤浩史、取締役・鎌田周平、生産現場職員２名、レストラン従業員シェフ１名、パート従業員２名
・年間総売上げ　５４００万円（２０１７年度）
・畜舎等施設　畜舎８棟（合計１５００㎡）。倉庫棟45㎡。食肉処理施設70㎡。直営レストラン１００㎡
・飼料の確保　半年は放牧主体。舎飼い期や肥育などには近辺の酪農家から２番牧草を中心に購入。必要に応じて自家配合飼料

高い所に登るのが好き

地元のエサを給与

を給与。配合原料は北海道産コムギと大豆とビートパルプを主原料に混合。近くのチーズ工房から出るホエーを給与

〈年間の作業暦〉

2～3月　出産。母羊約200頭
4月　毛刈り。羊毛選別
5月　離乳。季節外繁殖の交配
6月　放牧
7月　後期出産。6月終わり～7月。30頭程度
8月　交配準備。8月後半交配開始
9月　交配
10月　育成羊選別
11月　季節外繁殖の出産。集牧
12月　出産準備。妊娠鑑定。ワクチン投与。堆肥散布
1月　出産開始1月中旬

肉出荷は通年で、毎週屠畜。年間11回屠畜、枝肉出荷・加工、

ポールドーセット

内臓処理、肉製品製造
レストランは3～12月営業
羊毛洗いは6～9月に委託加工

武藤さんとヒツジとの出会いを聞くと、「大学で所属した研究室で実験動物として飼われていたヒツジを、実験終了後、コンパで食べるために初めて屠殺して、さばいて、丸焼きを食べたところ、それまで食べていたロール状のジンギスカンとは全く別物で、味覚が脳天を突き抜ける衝撃を受けました。人間は五感を激しく揺さぶられたときに人生を決定づけられるわけで、私の場合ヒツジの美味しさを知ったことがきっかけで、人生を方向づけられたのです」とのことであった。

武藤さんは次の5つの目標を掲げている。

①ヒツジ1頭無駄なく丸ごと活用。肉、内臓、骨、毛、毛皮、脂、堆肥を活かすこと。

②ヒツジの専業牧場としての自立経営への挑戦。完全自由化非課

枝肉をさばいて加工する

税品目であるヒツジの牧場経営が成立することは日本の農業の可能性の追求でもある。

③羊肉をテーブルミートにする。家庭料理としてヒツジを浸透させ、普段当たり前にヒツジが食べられることを目指す。

④ヒツジを活かした持続可能な農業を目指す。サステイナブルな農業は今見直されているが、ヒツジは古代から何ら変わらない。

⑤土ー草ーヒツジの連係プレーで最終的には放牧肥育を目指す。

健康なヒツジを育てることが経営の成否につながり、安心安全な生産物の生産を可能にしたい。北海道にヒツジのいる風景が当たり前になることを夢見てやってきた。生産基盤を作るためには羊飼いと利用者の協力が必要であり、両者の近しい関係性の構築が不可欠だとも。自身が関われる期間は50年と考え、次世代に引き継げるような牧場作りに尽力したいと語っている。

経験を消化して、成功に結びつけるのは大変であるが、未知との遭遇としての面白さはある。行政や既存の組織がマイノリティの分野に不理解なことには苦労したが、それは先行走者としては

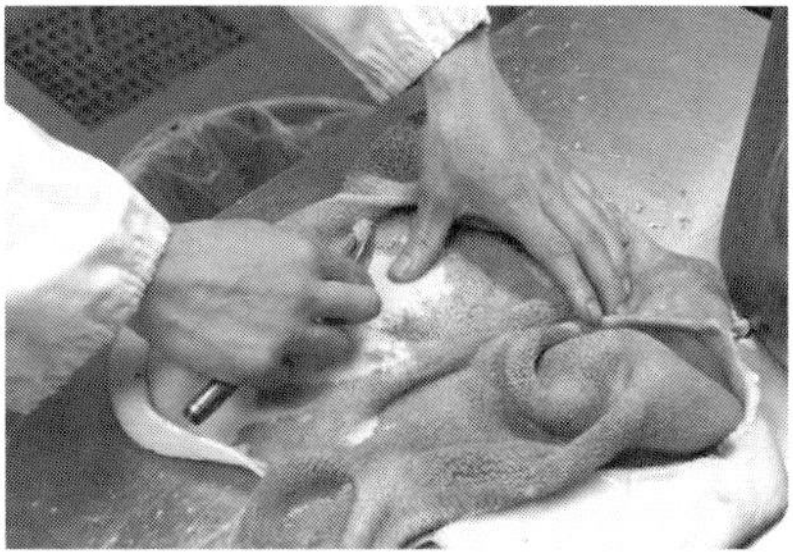
内臓の処理もていねいに

刈り取った羊毛

仕方がない。今後新たにヒツジに関わる人たちの苦労を少しでも軽減できるように、我々の経験が役立てば本望だとも語る武藤さんは、日本の羊飼いのパイオニア的存在でもある。

茶路めん羊牧場のWebサイト
http://charomen.com/

2　小規模複合的な飼育例

羊工房チェビオット・37頭（山形県）　**大沼邦充さん**
所在地　山形県上山市永野字蔵王山国有林２４２イ小班

〈これまでのあゆみ〉
大沼邦充さんは１９５７年生まれ。自然の生活に憧れ、勤めていた会社を辞め、１９８７年9月にこの場所でカフェ・レストラ

大沼さん夫妻

ンを始めた。奥さんが羊毛を紡いで編み物をしていたので、店の名前にヒツジの種名をあてた。当時紡いでいたのは山形県内の羊毛だったが、より質のよい羊毛が欲しいと思っていたところ、20年ほど前、雄・雌1頭ずつヒツジを手に入れる機会に恵まれ（偶然、店名と同じチェビオット種）、そこから飼育が始まった。酪農家が多い土地柄で牧草地を借りることも可能だった。自宅の横で飼っていたが、5頭になったので、5キロ程離れた場所を借りて、本格的にヒツジの飼育に取り組み始めた。今の規模になったのは10年前である。

〈経営の概要〉

・経営規模　飼養頭数37頭
・品種　チェビオットを中心に、ジェイコブ、マンクス・ロフタンなどの交雑種
・草地　牧草地約4・5ha。混合の牧草地。牧草の更新はせず堆肥を散布することで管理している。傾斜が厳しくトラクターが

畜舎内

入りにくいところと石が多くトラクターで耕せないところに放牧している。全体の3分の2弱が放牧地

・販売　羊毛製品をレストランとクラフトイベントで販売している。肉は年間3～4頭を屠畜して店で使っている。子羊はホームページや知り合いからの要望により、個人に対して販売している

・労力　飼育は夫婦2人。肉を使っての店の経営も夫婦2人。羊毛製品の制作と販売は妻とその友人が担う

・畜舎等施設　ヒツジ小屋の面積120㎡を夫婦でつけ足しながら作った。最初に作った部分には壁があるが、それ以外は柱と屋根だけ。降雪が本格的になる頃にハウス用のビニールを張っている。春に放牧に出したら秋まで戻らないので、ビニールを外して堆肥を搬出する

・飼料の確保　草は自家で賄うようにしている。冬期間は雄の体力回復と雌の出産後と子羊の飼料として配合飼料を使う。農協から購入

電牧柵

〈年間の作業暦〉

2月　出産準備。分娩羊の移動。お尻まわりの毛刈り
3〜4月　出産。出産介助。見回り。子羊の管理。子羊の断尾、去勢
4月　毛刈り（月末〜）
5月　放牧準備。電牧柵の準備。放牧地の倒木などの伐採草刈り。放牧。1番草収穫（月末〜）
6月　畜舎の堆肥搬出
7月　2番草収穫（月末〜）
9月　3番草収穫（中旬〜）。種付け準備。種雄と雌と選んで牧区を分ける（月末〜）
10月　畜舎の準備。敷料の準備。サイレージの運び込み（月末〜）
11月　終牧（月初め）

大沼さんは質のよい羊毛を生産することを目標としてきた。特に放牧を終えて畜舎に入ってからの管理を工夫している。羊毛の

降雪時にはビニールを張る

中に入り込むゴミをなくすために餌箱の工夫をしてきたが、まだ工夫の余地はあると思っている。また、配合飼料を極力減らしたい。肉利用がメインではないので、草を中心にして育てたい。配合飼料が多くなると羊毛の脂の質が変わり、扱いにくくなるように感じている。体は小さくても元気なヒツジの羊毛は、とても扱いやすい。そこが肉利用の牧場とは違う部分だと考えている。

ヒツジが死んだとき、何が原因か分からないことも多かった。経験を積み、早く気がつき、手当てをして助けることができるようにもなったが、まだまだ分からないことが多いという。それでも、普通に暮らしていたなら知り合えなかった方々と、ヒツジを通して知り合えて、またそこからどんどんとつながりが広がっていくのはとてもよかったと思っている。

羊工房チェビオットのＷｅｂサイト
http://sheep-cheviot.info

柱と屋根だけの畜舎

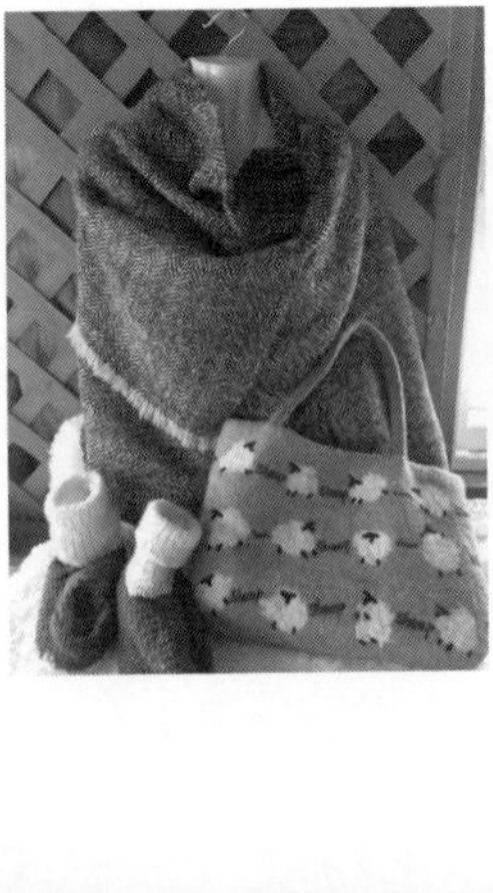
羊毛作品

東京牧場・12頭（東京都）　中川利光さん

所在地　東京都西多摩郡檜原村４５５０

〈これまでのあゆみ〉

１９６１年横浜市生まれ。１９８４年に創業したＩＴ関連の会社が創業30周年となり、自身も50歳を過ぎたのを機に、２０１４年より社会活動のひとつとして農業を始めた。会社の所有地の中から、東京都の檜原村を田舎の原風景とするため、農家をイメージして開拓することにした。２０１４年から木を切り、道を造り、沢から水を引き拠点作りをしている。

目指すのは「身寄りのない子どもたちが、実家のように遊びに来られる原風景」であり、それには、子どもたちの働く場とのセット運営が不可欠と考えた。そこには動物との共生という課題もあると考え、ヒツジ飼育にも取り組んでいる。

東京での六次産業モデル実現にも規模拡大が必要となり、農地

ヒツジと戯れる子どもたち

売買の必要性が生じたことから、檜原村と東京都農業会議の協力を得て、2017年に農地所有適格法人となった。

農業としては他に江戸野菜の栽培と、東京都作出の烏骨鶏「東京うこっけい」を飼育し、商品化・販売までを行なっている。

〈経営の概要〉

・経営規模　飼育頭数12頭

・品種　サフォーク、チェビオット、マンクス・ロフタン

・作目別面積　草地2ha、養鶏・キジ飼育に30a、シイタケ1a、ハーブ1a、水稲1ha、野菜水耕30a、樹木苗

・販売　羊毛などを個人や法人に対してネットや展示会を通じて販売。年間売上げは約200万円

・労力　ヒツジ専任の飼育員はいないが、農作業全般をアルバイトも含めて20名で担っている

・畜舎　60㎡

・飼育スケジュール　3月出産。5月毛刈り、放牧開始。7～11

サフォーク

マンクス・ロフタン

月雄を貸出し
・飼料の確保　基本は放牧。出産時には農協より飼料を購入。冬期は購入した牧草を給与

中川さんにヒツジ飼育をやってきてよかったと考えていることを訊ねると、まず「ヒツジを通しての人的交流の拡大」を挙げた。従来接点がなかった人たちと、ヒツジがきっかけとなって新たなつながりができたという。そして、子どもたちの笑顔が増えたと実感できたこと。ヒツジが人の心を癒やす存在であり、自然との共生について、さまざまな気づきを与えてくれていると考えている。

東京牧場が参加するレア・シープ研究会では、絶滅の危険度が高いレア種、マンクス・ロフタンの保護・保存のため、血統を管理し、牧場間の連携を図っている。

東京牧場のＷｅｂサイト
https://www.tokyofarm.co.jp/

檜原村の山中で飼っている

粗《そ》清《せい》草《そう》堂《どう》・3頭（北海道）　逸見暁史さん

所在地　北海道中川郡美深町字辺渓285－5

〈これまでのあゆみ〉

１９７４年生まれ。焼尻めん羊牧場で1年間勤務、２００３年から美深町に移住し、松山農場で7年間、ヒツジ飼育の経験を積む。２０１５年に羊毛工房完成。２０１６年からヒツジ飼育を開始。羊毛作品制作と販売を行なっている。

〈経営の概要〉

・経営規模　飼育頭数3頭（２０１８年12月現在、士別めん羊牧場に種付け依頼中）
・品種　テクセル
・草地　約５０００㎡
・畜舎　２０１９年に建築予定。現在は古い車庫を利用

3頭のテクセル

逸見さんの家族とスタッフ

・生産物　夏は工房併設ギャラリーで販売。冬は各地でポップアップショップを開催。デザイナーとのコラボ作品も展示販売
・飼育スケジュール　11月~5月、牧柵を外し、小屋に移動し舎飼い。5月から牧柵を張って放牧。毛刈り
・労力　逸見暁史（本人）：飼育・作品制作。逸見吏佳（妻）：経営・作品制作。横塚萌：作品制作スタッフ
・飼料の確保　乾草は近隣の酪農家から分けてもらっている

逸見さんは、健康なヒツジを飼育し、きれいな羊毛を得ることを目標としている。そして羊毛作品の作家として、その目標を達成できたことが何よりの収穫だと考えている。

もともとはヒツジ牧場で毎年廃棄される羊毛の利用をメインに制作を始めたが、材料ができあがるまでに時間がかかり、作品を仕上げて販売するには至らない。そこをなんとか克服したかった。

北海道では冬期舎飼いが一般的で、春の毛刈りの季節は一年中で最も毛が汚れている。この毛をきれいにするのに時間がかかる。

工房の内部

工房の壁は地元産600頭分の羊毛断熱

そこで、きれいな羊毛を収穫する方法を見つけるため、自らヒツジを飼おうと思った。羊肉生産はしないので、一年中乾草で育てることにした。それによって、羊毛の中に入り込む小さな飼料の粉を取り除く必要がなくなり、毛を刈る前に放牧して、雨に洗ってもらうことで、きれいな状態で毛を収穫できた。ヒツジたちは少々小柄ながらも健康的に育っている。しかし、現状は自家生産の羊毛だけでは足りないので、近隣の牧場から分けてもらい、洗い・ゴミ取り作業を作業所の皆さんに委託している。

作品ができるまでの全工程（飼育、毛刈り、洗い、草木染め、ゴミ取り、整毛などの材料作りから、フェルト作品の制作まで）を、この場でできるようにした。その結果、訪問された方に制作過程を説明でき、全てのつながりを感じてもらえることは、何物にも代えがたいと実感している。

粗清草堂のＷｅｂサイト
https://www.rikahemmi.jp/

羊毛作品

第2章 ヒツジ飼育　これだけは忘れない

1　家畜であること　ペットではない

(1)　勘違いからの事件例

ヒツジは雑草だけでは飼えない

ある地域でヒツジを使った未利用地の除草管理が行なわれていた。景観維持のため、これまで人力で草刈りをしていた土地にヒツジを放して除草を行ない、ヒツジから生産される羊毛や肉を地域の特産品として販売する計画であった。

その土地を管理している人に話を聞くと、ヒツジが雑草を食べてくれることで、草刈りの労力が以前に比べて格段に減ったと喜んだという。しかし、除草後の土地に牧草の種が蒔かれることはなく、ヒツジは食べては伸びる雑草をひたすら食べ続け、栄養状態も低下していった。とても子羊を産ませて肉を生産するなんてできる状態ではなかった。結局、ヒツジは草刈り機としての役割だけで終わってしまったのである。

ヒツジは草の利用性に優れているが、牧草に比べて栄養価の低い雑草だけではヒツジを健康に飼うことはできない。除草後の土地を草地化し、必要に応じて補助飼料なども与えていれば羊肉を生産することもできたと思われる。

駆虫のタイミングを間違えた結末

某家畜保健衛生所から電話での問い合わせがあった。管内の農家で飼育されているヒツジに流産が続発しているのだが、原因がよく分からないという。また、下痢をしている個体もいるので調べたところ条虫卵が多数見られたという。電話の話だけでは何とも答えようがないが、条虫が流産の原因とは考えられない。

その後2回目の電話で流産胎子からカンピロバクター・ジェジュニが検出され、死産も発生しているとの連絡があった。牧場主の話では条虫がいるという話を聞いてすぐに駆虫薬を飲ませたとのこと。それは危険である。条虫の駆虫薬は胎子に悪影響があるため、妊娠期に飲ませてはいけない。

流産についてはカンピロバクターが原因であることは間違いない。この細菌はヒツジの腸管内に存在しており、糞便とともに排出されて羊毛にも付着する。この事例では条虫の寄生が確認されていることから、おそらく交配時期にも下痢や陰部の周辺を糞便で汚している雌羊がいたのだろう。そこに付着していたカンピロバクターが種雄羊の陰茎を介して雌羊の子宮内に送り込まれたのだ。

条虫駆除は交配の前に行ない、陰部周辺が汚れている雌羊は汚毛刈りをすべきである。

本当は発育不良

秋風さわやかなある日、「家で飼っているヒツジがフラフラしているのですが腰麻痺でしょうか？」

という問い合わせがあった。実際にヒツジを見たわけではないので何ともいえないが、季節から考えれば腰麻痺の可能性は大きいと答えた。「すぐに治療をしてやりたいのですが手元に薬がありません。とりあえず今日のところはどのような処置をすればいいんでしょうか?」と次の質問。そこで獣医師とも相談し、腰麻痺とよく似た症状の大脳皮質壊死の可能性も考慮してアリナミンの投与を勧めた。アリナミンは腰麻痺治療の際にも補助的に使うことがある。

そして数日後、そのヒツジは残念ながら死んでしまったとの連絡。腰麻痺で死ぬはずがないと思い、そのヒツジの年齢や体重を尋ねたところ、生後7カ月齢で体重が30kgに満たないという。いくらなんでもそれは小さすぎる。死因は発育不良による虚弱死と考えるのが妥当だ。ヒツジを飼育するうえで、平均的な発育値を知っておくことも大切である。

(2) 家畜ならではの約束を守る

ヒツジは法律で家畜として位置づけられており、飼育に当たって守るべき法令がいくつもある。これらの法令は、たとえ愛玩用で飼育する場合にも例外なく適用され、もしも違反した場合には法的に罰せられることもあるので、飼育を始める場合には事前に最寄りの家畜保健衛生所や都道府県、市町村の畜産担当課に連絡し、家畜の飼育に関する法令などの知識を得ておくことも必要である。

以下に、家畜の飼育者が守るべき法令などの一部を紹介する。

飼養衛生管理基準の遵守

２０００年と２００８年に宮崎県で口蹄疫が発生し、甚大な被害を被ったことは畜産関係者ならずとも大きな衝撃を受けたことだろう。また、渡り鳥が飛来する頃になると、毎年日本のどこかで高病原性鳥インフルエンザが発生し、そのたびに多大な労力と費用を費やして清浄化対策が行なわれている。

これらの悪性家畜伝染病は近隣諸国において断続的に発生しており、いつ日本に持ち込まれてもおかしくない状況にある。このような中で、国や都道府県では、各種伝染病を撲滅するための対策を強化しているところであるが、畜産農家などの家畜飼育施設においても伝染病が発生しないように日頃から衛生対策を講じておく必要がある。このため、家畜伝染病予防法では悪性家畜伝染病の発生予防と蔓延防止を目的として、家畜の飼育者が行なうべき衛生管理の方法を「飼養衛生管理基準（家畜伝染病予防法第12条第３項）」に示している。これらの衛生対策を確実に実行することが家畜飼育者の責務である。

もしも、自分の農場で悪性家畜伝染病が発生した場合、おそらくその農場主は「自分は被害者だ」と嘆くことだろう。しかし、その伝染病が自分の農場から他の農場に拡散してしまったときには間違いなく加害者となる。そうならないように、日頃から農場の防疫態勢を整えておくことが大切である。

家畜伝染病予防法や飼養衛生管理基準の詳細については農林水産省のホームページを参照願いたい（検索キーワードは「農林水産省　家畜伝染病予防法」、「農林水産省　飼養衛生管理基準」）。

飼養衛生管理基準（牛・水牛・鹿・めん羊・山羊編）

①家畜防疫に関する最新の情報を確認しましょう
　家畜保健衛生所から提供される情報の確認や、家畜衛生に関する講習会への参加、農林水産省のホームページの閲覧などによる情報の把握に努める。
②衛生管理区域を設けましょう
　農場の敷地を衛生管理区域とそれ以外の区域に分け、両区域の境界を明確にする。
③衛生管理区域への病原体の持込みを防止しましょう
　衛生管理区域への立ち入り制限や、衛生管理区域および畜舎出入口付近への消毒設備の設置など。
④野生動物による病原体の侵入を防ぎましょう
　畜舎の給餌設備や給水設備および飼料の保管場所に野生動物の排泄物などが混入しないようにする。
⑤衛生管理区域の衛生状態を保ちましょう
　畜舎やその他衛生管理区域内の施設や器具類を定期的に洗浄・消毒する。
⑥家畜の健康観察を行いましょう
　毎日、家畜の健康観察を行い、異常が認められた場合には速やかに獣医師の診療や指導を受けるとともに、特定症状を発見した場合には直ちに家畜保健衛生所に通報する。
⑦埋却の準備をしておきましょう
　家畜伝染病が発生したときに備え、殺処分された家畜を埋却するための土地を確保しておく。
⑧感染ルートの早期特定のための記録を作成し、保存しておきましょう
　家畜の所有者および従業員以外に衛生管理区域に立ち入った者の記録や家畜の導入・出荷に関する記録を作成し、1年間以上保存する。

⑨大規模農場における追加措置
　3000頭以上のめん羊を飼育している場合は、定期的に獣医師の健康管理指導を受けるとともに、特定症状を発見した場合の通報ルールや家畜伝染病の発生予防および蔓延防止に関する情報を全従業員に周知徹底しておく。

死亡獣畜の処理および動物の飼育または収容の許可

化製場等に関する法律は、死亡獣畜の処理や動物の飼育によって発生する公衆衛生上の危害を防止するために定められた法律であり、「死亡獣畜の解体、埋却又は焼却は死亡獣畜取扱場以外の施設または区域で、これを行ってはならない（同法第2条第2項）」とされている。したがって、飼育しているヒツジ（家畜）が死亡した場合、自分の所有地であっても許可なく埋却や焼却の処置をしてはならない。

また、都道府県知事が指定する区域内（住宅地や市街地、観光地など）で一定頭数以上のヒツジ（動物）を飼育または収容する場合には、同法第9条の規定より都道府県知事の許可を受けなければならないこととなっている。これは臭いや汚物などによって近隣の生活環境に悪影響を及ぼさないように、飼育場所や収容施設が一定の基準を満たしていることを確認するための手続きであるが、実際に住宅地や市街地の周辺でヒツジを飼育しようとする際には周辺地域とのトラブルが発生しないよう、都道府県知事の許可を受ける前に近隣住民にヒツジを飼育することを説明し、十分に理解を得ておくことも必要である。

動物由来感染症の予防

ヒツジやヤギなどの小型反芻動物は、肉や毛、乳などを生産するだけではなく、ふれあい動物イベントに利用されることもよくあるが、こうしたイベントによって、腸管出血性大腸菌症やクリプトスポリジウム症などの動物由来感染症の発生事

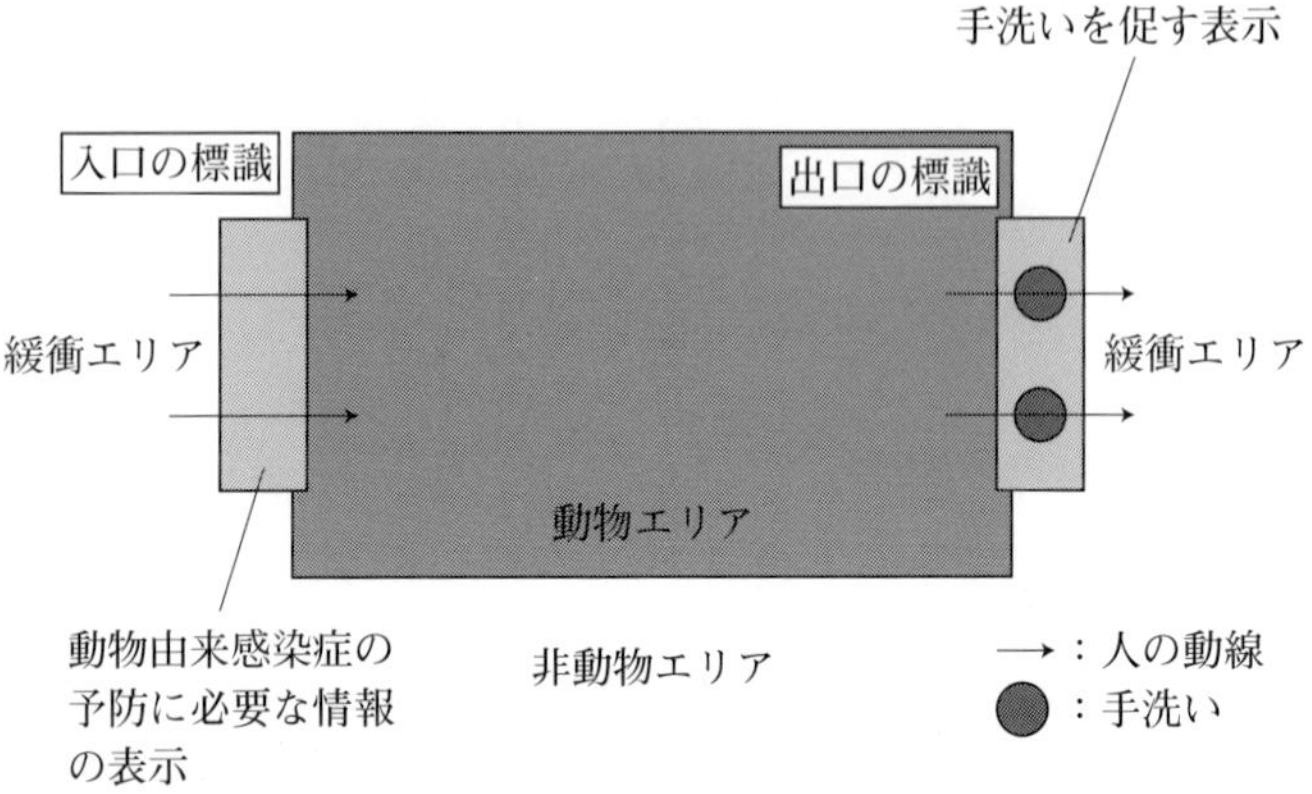

図1　ふれあい動物施設などにおける動物由来感染症を予防するための衛生管理

動物エリアをフェンスなどで物理的に区分し，人の動線が一方向になるような構造にするか，誘導のための標識を設置する
出入口に緩衝エリアを設け，入口には動物由来感染症の予防に必要な情報を表示し，出口には手洗い設備を設けて退出時に必ず手洗いが実行できるようにする
動物エリア内への飲食物，おもちゃなどの持ち込みおよび喫煙や化粧直しを禁止する。また，動物エリア内では幼児に指しゃぶりをさせないよう注意する
非動物エリア内には補助犬以外の動物の持ち込みを禁止する
動物エリア内での注意事項を来場者に周知する

例も報告されている。このため、厚生労働省では「動物展示施設における人と動物の共通感染症対策ガイドライン2003」や「ふれあい動物施設等における衛生管理に関するガイドライン」を作成し、動物展示施設における衛生管理の徹底を呼びかけている。

図1に動物由来感染症予防対策の一部を紹介するが、詳細については厚生労働省のホームページを参照してもらいたい（検索キーワードは「厚生労働省　動物由来感染症」）。

(3) 共に生きる覚悟と羊飼いの技術を

命に責任を持つこと

ヒツジに限らず動物を飼育するということは、その動物の「命に責任を持つ」ということである。どのような目的でヒツジを飼育するにしても日頃から愛情を持って動物に接し、ストレスの少ない健全な飼養管理に努めなければならない。

最近では、畜産分野においてもアニマルウェルフェアの考え方に対応した飼養管理（快適性に配慮した飼養管理）が求められており、ウシやブタ、ウマ、ニワトリでは畜種ごとの飼養管理指針が示されている。現在のところ、ヒツジではその指針は示されていないが、他の家畜と同じように快適性に配慮した飼養管理を行なうことは当然のことである。

アニマルウェルフェアとは、「快適性に配慮した飼養管理」と定義されており、次に示す「5つの自由」

を基本概念としている。これらの概念に対応した飼養管理を行なうことがヒツジのストレスや病気の減少につながり、その結果、ヒツジの健康が維持され、本来持っている能力を発揮できるようになる。

アニマルウェルフェアの基本概念（5つの自由）

①飢餓と渇きからの自由
ヒツジが健康を維持できるように、発育段階や生産段階に応じた適切な栄養素を含んだ飼料や清潔な水を与えること。
②苦痛、傷害または疾病からの自由
日常の管理の中でヒツジをよく観察し、ケガや疾病の発生を予防するとともに、異常を発見した場合には速やかに治療するなど、適切な対応を行なうこと。
③恐怖および苦悩からの自由
ヒツジの習性に合った管理を行なうとともに、ストレスを与えないよう愛情を持って接し、ヒツジと飼育者との良好な関係を築くこと。
④物理的、熱の不快さからの自由
温度や湿度、アンモニアなどの有害物質を制御し、ヒツジが快適に過ごせる環境を用意すること。
⑤正常な行動ができる自由
ヒツジの生理や習性に従った自由な行動を行なえるようにすること。

種を守ること

「種を守る」とは子孫を残し、後代へと命をつないでいくことである。どのような目的でヒツジを飼育するにせよ、それを継続的に行なっていくためには計画的に繁殖をして後継ぎのヒツジを作っていかなければならない。

最近、新たにヒツジを飼いたいという声をよく耳にするが、入手することが非常に難しくなっており、「飼いたくても買えない」状況が続いている。一方、生産サイドでは「売ってあげたいけどヒツジがいない」、「増やしたくても増やせない」という事情がある。

２００４年頃に脂肪燃焼効果のあるカルニチンが話題となってジンギスカンブームが巻き起こり、さらに中国が火鍋ブームなどをきっかけに海外から大量の羊肉を買いつけたことにより輸入羊肉の価格が高騰し、国産羊肉の需要は増加している。しかし、生産は全く追いついておらず、増頭する余裕がない状況である。

これまでもさまざまな状況の変化に伴って国内ヒツジ飼養頭数は増減を繰り返してきたが、２０１７年時点の飼養頭数は１７８２１頭（表１）で、ここ数年間、横ばいで推移しており、増頭の兆しは見られない。

日本のヒツジを守るためには、飼育を希望する人も含め、ヒツジに関わる全ての人たちが現状の問題点を共有し、「１頭でもヒツジを増やそう」という意識を持つことが大切である。

表1　ヒツジの飼養頭数および戸数とその背景

年次	飼養頭数（頭）	飼養戸数（戸）	背景
1957	944,940	643,300	歴史上最多頭数（品種はコリデール種）
1961	676,520	492,210	1959 年に羊肉，1961 年に羊毛の輸入自由化
1967	113,300	81,550	サフォーク種の導入が本格化
1976	10,190	2,190	戦後最少頭数
1981	15,900	2,150	水田利用再編対策によるヒツジ導入（1978 年以降）
1985	23,900	2,960	1984 年に日本初のスクレイピー発生
1990	30,700	2,840	1976 年以降最多頭数（品種の主体はサフォーク種）
1995	16,277	1,283	1996 年にスクレイピーに関する報道が激化し，飼養頭数および戸数が減少
2000	12,121	947	
2003	10,841	760	EU 諸国からの食肉の輸入禁止（2001 年）とジンギスカンブーム到来（2004 年）により，国産羊肉の需要が増加
2005	8,650	623	
2007	9,660	602	ヒツジ飼育への異業種からの参入や規模拡大により頭数増加
2009	12,206	562	
2010	14,184	586	中国の火鍋ブームで輸入羊肉の価格高騰
2011	19,852	906	東日本大震災により，国内唯一の本宮めん羊市場が閉鎖
2012	19,977	909	ヒツジ不足の状態が続く
2013	16,096	873	
2014	17,201	882	
2015	17,513	965	
2016	17,438	924	
2017	17,821	918	

注　2010 年までの数値は産業動物として飼育されている 1 才以上のヒツジが対象，2011 年以降は愛玩用など，産業動物以外の目的で飼育されているものおよび 1 才未満の子羊を含む
1995 年までは農林水産省『畜産統計』，2000 ～ 2010 年は中央畜産会『家畜改良関係資料』，2011 年以降は農林水産省『家畜の飼養に係る衛生管理状況の公表について』より

ちなみに、表1では2011年以降に頭数・戸数ともに増えているが、これは2010年までのデータが産業動物として飼育されている1才以上のヒツジを対象としているのに対して、2011年以降は愛玩用など、産業動物以外の目的で飼育されているものや1才未満の子羊も含まれているからであり、実質的な増加ではない。

羊飼いの技術を身につける

ヒツジはウシなどに比べて体も小さく簡単に飼えそうに思われがちであるが、飼育するためにはそれなりの知識や技術が必要である。初めて飼う場合には本を読んで基礎的な知識を得ることや、先輩の羊飼いたちに飼い方などを教わる必要がある。また、ヒツジに関するイベントや研修会などにも積極的に参加してさまざまな情報を得るとともに、実際にヒツジ飼育を始めてからも情報交換ができるよう、羊飼い仲間とのネットワークを作ることも忘れてはならない。

そしてもうひとつ、飼育管理技術を身につけるうえで大切なことがある。それは「ヒツジから学ぶ」こと。つまりヒツジをよく観察し、ヒツジがどのような状況にあるかを知ることである。そのためには、ヒツジと同じ目線でヒツジとその飼育環境を眺めてみることが大切である。そうすると今まで気づかなかったヒツジの表情や行動、ヒツジが吸っている空気の状態、施設や器具の問題点などが見えてくる。

観察とは最も重要な日々の管理作業のひとつであり、羊飼いとしての技術を高めるためには、より多く「ヒツジから学ぶ」ことが大切である。

「ヒツジを飼う者は、まずヒツジになること」

それがヒツジと共に生きるための第一歩である。

2　群れで生きる動物であること　習性を知る

(1)　群れで行動する習性

ヒツジには群れで行動する習性がある。雌の群れでは特にリーダーが存在するわけではないが、1頭のヒツジが移動すればそれに追従して他のヒツジも移動し、群れから離れることを嫌う。

また、ヒツジには蹄の間に特有の臭いを発する趾間腺があり、地面に臭いを残すことで群れからはぐれることを防いでいる。広い草地にヒツジの大群を放牧していると、獣道のような細い裸地（写真1）を見ることがあるが、これは仲間の臭跡を辿って移動を繰り返すことによってできたものである。

ヒツジが群れで行動する習性は、野生の時代に肉食動物から身を守るために選択した手段である。家畜となった今も保持されているその習性を十分に理解しておくことは、ヒツジを飼育するうえで大切なことである。

「１頭のヒツジを捕らえるよりも１００頭のヒツジを捕らえる方が容易《たやす》い」といわれるように、群れの中の１頭だけを捕まえようとすると、そのヒツジはパニックに陥って逃げ惑い、捕まえることが難しくなるが、ヒツジの習性を利用して群れ全体を誘導すれば、簡単に囲いの中に追い込むことができる。

写真1　ヒツジの移動によってできた裸地

(2)　病気に対してがまん強い

ヒツジは体調が悪くても多くの場合、病状がかなり進行するまでその兆候を明瞭に示さない。これも肉食動物から身を守るために身につけた特性と考えられるが、このことは飼育管理を行なううえで十分に注意しなければならない点である。病気の発見が遅れて治療が困難となることもあるので、日頃から体調の変化に注意して観察しなければならない。

(3)　温順で攻撃性が弱く臆病

ヒツジはおとなしく扱いやすい動物であるが、警戒心が強く臆病で、日常管理の中で驚かせる行為や暴力的な行為を繰り返していると人を恐れて扱いが難しくなる。

また、攻撃性が弱く、野犬などに襲われた場合もほとんど無抵抗であるが、雄羊は頭突きで人に攻撃をしてくることもある。これは、野生の時代に雄羊がより多くの雌羊を獲得するためにしていた雄同士の闘争行動であるが、闘いに勝った雄羊は獲得した雌の群れを守るために外部からの侵入者に対して攻撃を仕かけることもある。家畜となったヒツジでは、繁殖期に雄同士が争うことはほとんどないが、毛刈り後に、群れの中で順位をつけるために頭突きを行なう光景が見られる。

(4) 高所や傾斜地を好み湿気を嫌う

子羊が母羊の背中に乗る光景をしばしば目にすることがあるが、若いヒツジほど高所を好む性質が強いようである（写真2）。また、ヒツジはウシが利用できない急傾斜地でも活発に行動できるため、耕作放棄地などの未利用草資源を利用して飼育することも可能である。ただし、湿った場所では腐蹄症や内部寄生虫の被害が多発するので、できるだけ乾燥した環境で飼育することが健康管理上重要な

写真2　母羊の背中で遊ぶ子羊

ことである。

(5) 短草を好む

ヒツジは15㎝程度の短草を好んで食べ、長く伸びた草は好まない。イネ科の牧草は成長に伴って栄養価が低下することから、ヒツジは栄養価の高い草を選んで食べていることになる。ヒツジを放牧する場合にはこのことを理解し、牧草が伸びすぎてしまわないように草地を管理する必要がある。しかし、放牧地の牧草には地面から5㎝程度のところに線虫の幼虫が潜んでいる可能性が高いことから、線虫の感染を防ぐためにも牧草があまり短くなりすぎないうちに放牧地を移動しなければならない。

3　反芻動物であること　生理を知る

(1)「まぁるく飼う」とは?

「まぁるく飼う」という言葉にはふたつの意味がある。そのひとつは、飼育者の心構えとして「まぁるい気持ちで飼う」ということ。ヒツジが思いどおりにコントロールできないのは、ヒツジが恐怖心を抱いて何とかその場から逃げようとしているからだ。ヒツジがいうことを聞かないからといって腹を立てても仕方がない。ヒツジの習性をよく理解して行動し、そして愛情を持って接すれば、ヒツジとの間に信頼関係が生まれ、ヒツジも飼育者も「まぁるい気持ち」になることができるだろう。飼育者にとっては、これも大切な管理技術のひとつである。

そしてもうひとつの意味は、ヒツジを「まぁるく健康に飼う」ということ。これはたくさんエサを与えて丸々と太らせるということではなく、栄養不足や体調不良で痩せてしまうことがないように、ヒツジの健康で丸みを帯びた体型を保つという意味である。そのためには、「ストレスの少ない良好な環境」のもとで、「適正な栄養管理」と「適切な衛生管理」を心がける必要がある。そしてこれらを実践していくことは、「アニマルウェルフェアに配慮した飼養管理」を行なうことにもつながる。つまり、アニマルウェルフェアの基本概念である「5つの自由」の

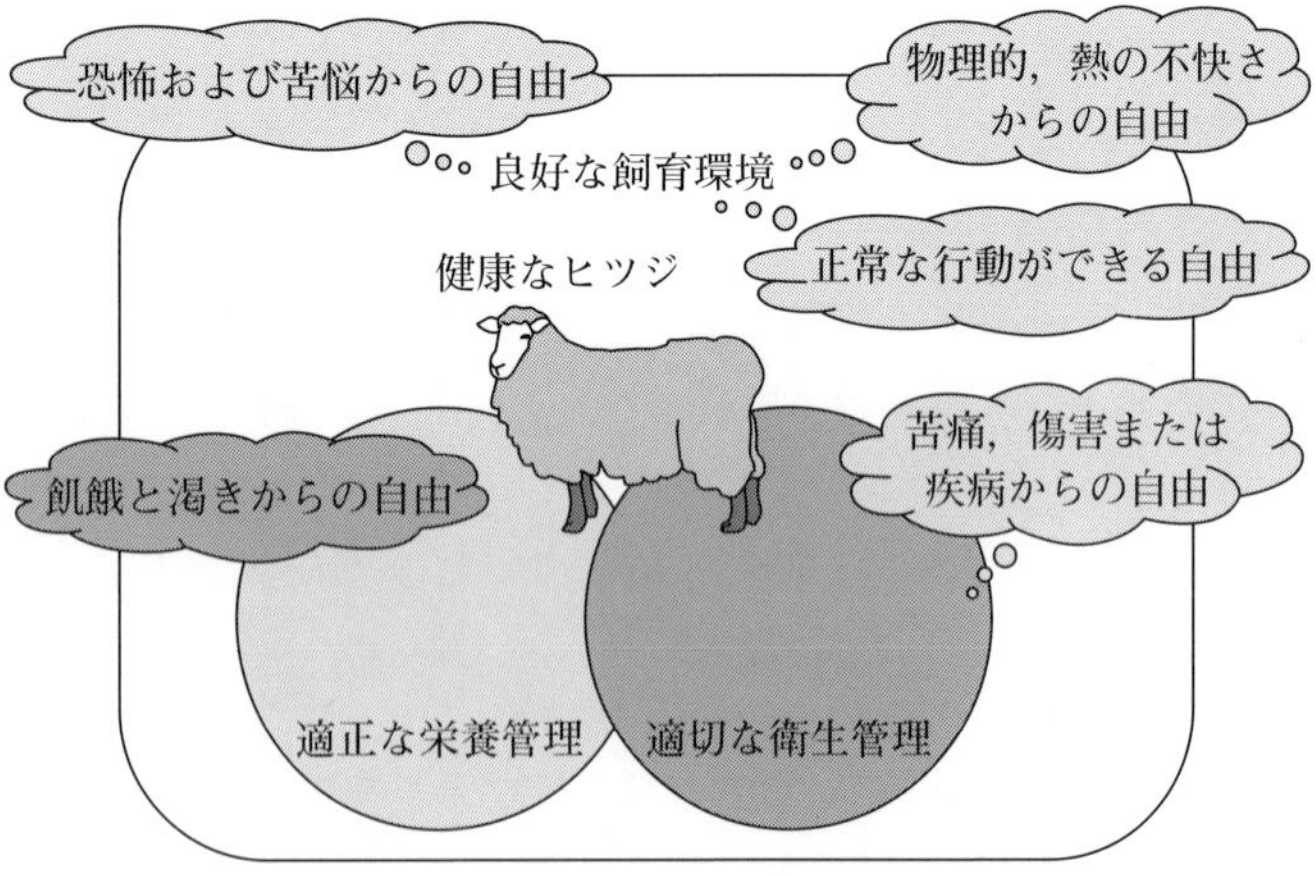

図2　アニマルウェルフェアに配慮した飼養管理

うち、「恐怖および苦悩からの自由」、「物理的、熱の不快さからの自由」および「正常な行動ができる自由」は、ストレスの少ない良好な環境のことである。そして「飢餓と渇きからの自由」は適正な栄養管理、「苦痛、傷害または疾病からの自由」は適切な衛生管理に当てはめることができる（図2）。

(2)　健康のための草

ヒツジはヤギやウシと同じ反芻動物の仲間であり、人が利用できない草を消化してエネルギーやタンパク質として利用することができる。ヒツジの健康を維持するためには、この能力を低下させないことが重要であり、そのためには反芻動物の消化の仕組みを理解しておく必要がある。

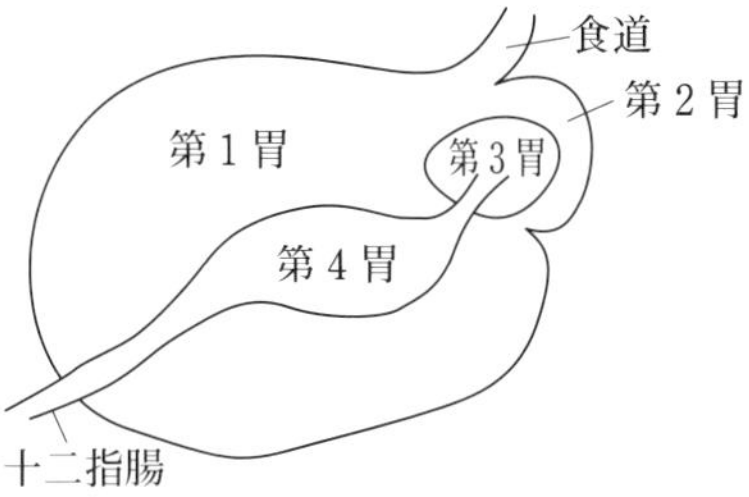

図3　ヒツジの胃

ヒツジの胃は図3に示すように第1胃から第4胃までの4つに分かれているが、胃全体の約80％を占める第1胃は微生物の働きによって飼料を分解する発酵タンクとして機能している。採食した飼料は第1胃内で撹拌・混合されるとともに、微生物によって発酵分解された後、第2胃の収縮によって口の中に戻されて噛み返し（反芻）を行なう。これを何回か繰り返して十分に細かくなった飼料が第3胃を経て第4胃・小腸へと送られていく。第4胃と小腸では、第1胃での消化を免

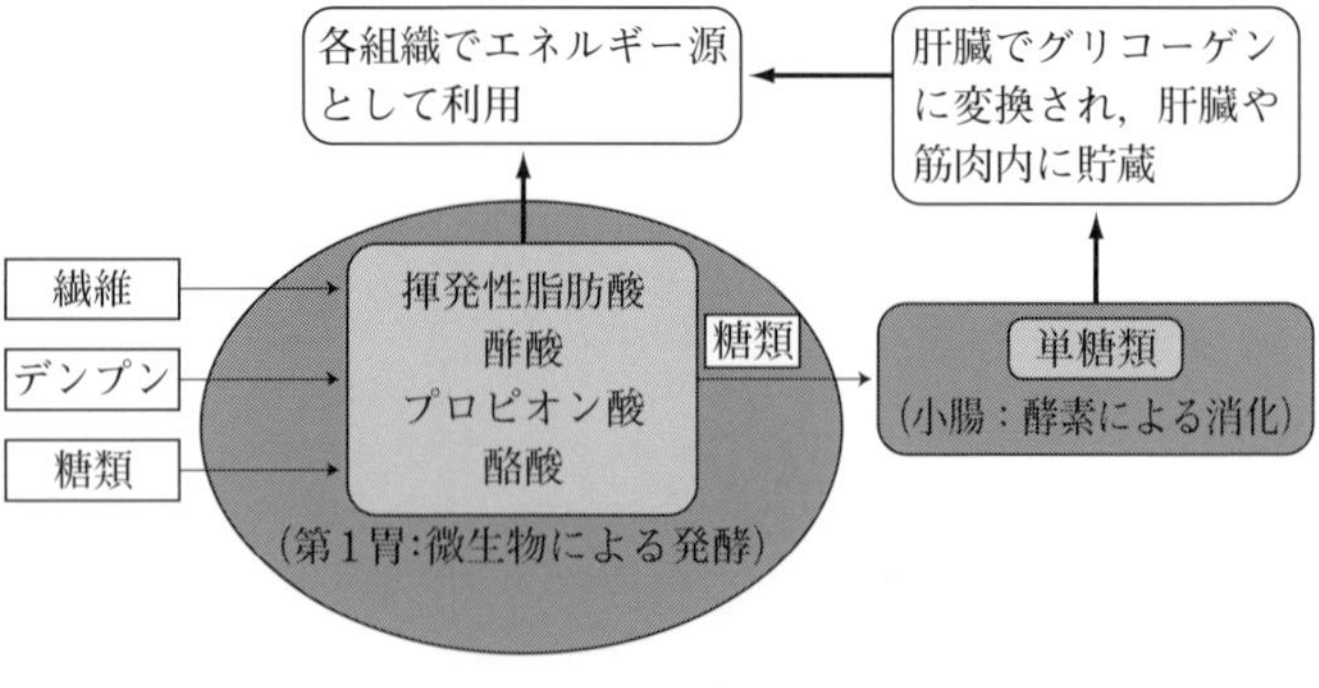

図4　炭水化物の消化

れた糖類やタンパク質が酵素によって消化される。

反芻動物であるヒツジの主食は、いうまでもなく草であるが、植物の茎や葉の細胞は繊維質であるセルロースやヘミセルロースなどの構造性炭水化物で覆われており、単胃動物には消化することができないが、反芻動物は第1胃内の微生物が産生するセルラーゼなどの繊維分解酵素によってセルロースやヘミセルロースを分解することができる。そして、その分解産物である可溶性糖類と細胞内容物に含まれるデンプンなどの非構造性炭水化物は微生物の発酵によって酢酸やプロピオン酸などの揮発性脂肪酸に変換され、エネルギー源として利用される（図4）。

一方、タンパク質は第1胃内で発酵・分解される分解性タンパク質と、第1胃では分解されない非分解性タンパク質があり、分解性タンパク質は尿素や遊離アミノ酸など非タンパク態窒素化合物とともに微生物によってアンモニアに分解される。そして、微生物はこのアンモニアを体内に取り込んで菌体タンパク質を合成し、非分解性タンパク質とともに第4胃以下の消化器

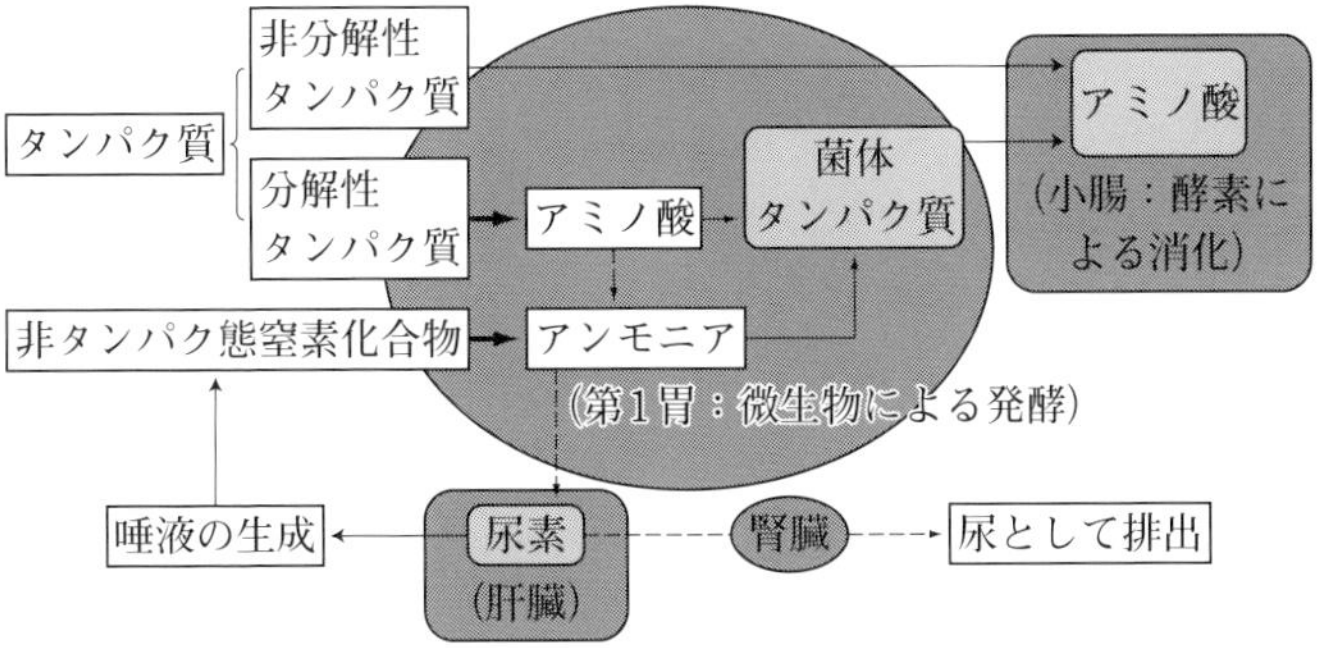

図5　タンパク質の消化

でアミノ酸に分解される（図5）。

このように、反芻動物であるヒツジは第1胃内の微生物の働きにより、炭水化物やタンパク質を消化・吸収しているのだが、ヒツジの健康を維持するためには、主食である草に多く含まれるセルロースやヘミセルロースを十分に分解できるよう、発酵タンクとしての第1胃の機能を高めることが大切である。

第1胃内にはセルロースやヘミセルロースを分解するセルロース分解菌のほか、デンプン分解菌や糖類分解菌などの微生物が棲息しているが、セルロース分解菌は第1胃内のpHが6・4～7・0のときに最もよく活動し、pH6・0以下では完全に活動を停止する。しかし、デンプン分解菌はpHが5・5になっても活動を続ける。しかも、デンプンは第1胃内で急速に発酵・分解されるため、デンプン含量の高い穀類などを食べすぎると、第1胃が酸性化してセルロース分解菌の活動が低下してしまう。

また、大半の微生物はタンパク質をアンモニアに分解するが、飼料中のタンパク質が多すぎるとアンモニアが過剰となり、それを処理する肝臓への負担も大きくなる。

以上のことから、第1胃の機能を高めるためには、草（粗飼料）を十分に与えることが最も重要である。繊維質の多い粗飼料を食べると咀嚼と反芻の回数が増え、唾液も多く分泌されるため、第1胃内の酸性化を抑制する。また、穀類などの濃厚飼料については、不足する栄養を補うために適量を与える必要があるが、その際には第1胃内の環境に影響しないよう、栄養のバランスに注意しなければならない。

(3) 草地はヒツジが作る

フレデリック・E・ゾイナーは『A History of Domesticated Animals（家畜の歴史）』という本の中で「家畜のうちで、最も悪い犯罪者はヤギとヒツジであり、ヒツジは草地を破壊する最も有害な獣である」と述べている。確かに半乾燥地帯ではヒツジが草原の草を食べ尽くして砂漠化するという深刻な問題があったことは事実である（写真3）。しかしその一方、イギリスでは「ヒツジは黄金の蹄を持つ家畜」といわれ、ヒツジを使った蹄耕法によって草地を作ってきた歴史がある。荒れ地にヒツ

写真3　ウズベキスタン（カラカルパクスタン共和国）での放牧風景

ジを放して雑草を食べさせた後に牧草の種を蒔き、再びヒツジを放して蹄で種を定着させる。ヒツジが排泄した糞や尿は土地を肥やし、やがて荒れ地は立派な草地となる。

最近、耕作放棄地や遊休地にヒツジを放して除草管理を行なう事例が増えているが、ただ単に雑草を食べさせるだけではなく、蹄耕法による草地化にも取り組むことによって、持続的にヒツジを飼育できる環境を整えてもらいたい。

4　恵みをいただく　まるごと生かす

(1)　肉をどうする

ヒツジにはさまざまな用途がある(図６)が、日本における飼養目的は主に羊肉生産である。かつて、羊肉といえば安くて低級な肉というイメージで、料理もジンギスカン一辺倒という時代もあった。しかし、最近ではフランス料理やイタリア料理など、さまざまな料理の食材として用いられており、国産羊肉を使ったジンギスカンも高級料理のひとつとなっている（写真４～７）。

生産される羊肉の大半はラム肉（生後１年未満の子羊肉）であるが、毎年、繁殖雌羊のうちの何頭かは更新されるため、これらもマトン肉として有効に活用すべきである。

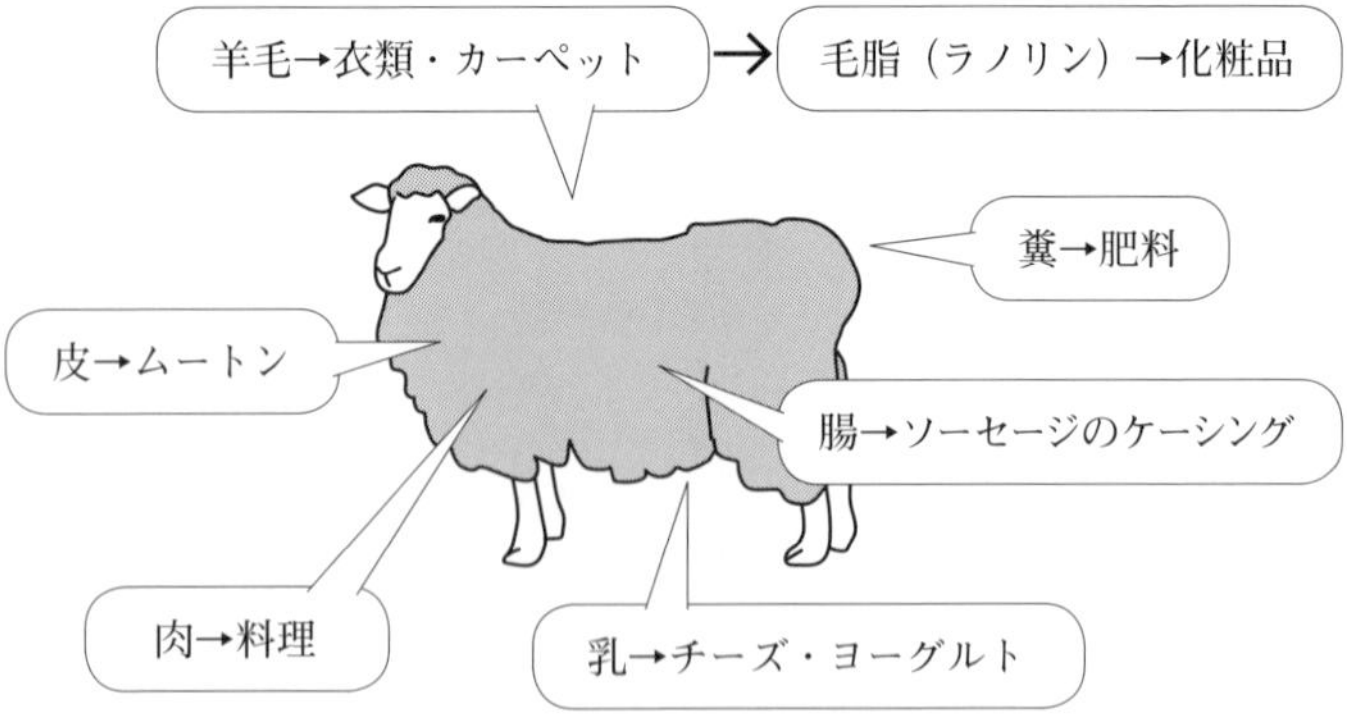

図6　ヒツジからの恵み

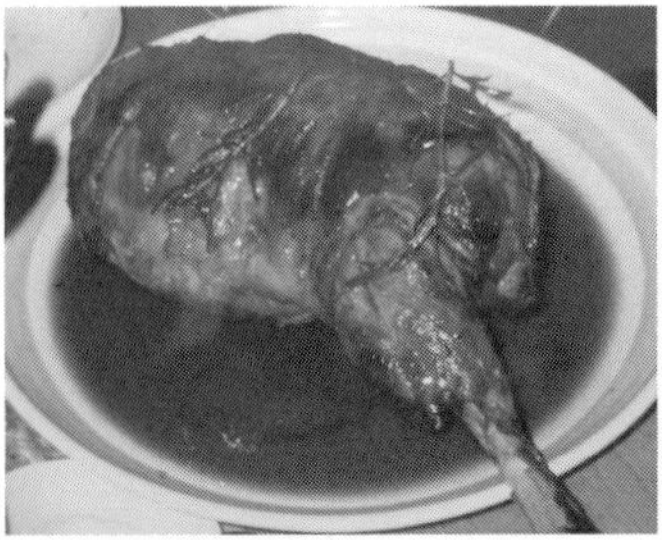

写真5　モモ肉のロースト

写真4　ジンギスカン

写真7　羊肉のソーセージ

写真6　すね肉の煮込み

どのような目的でヒツジを飼育するにしても、最後には肉として利用するというのが家畜としての鉄則である。それは全く残酷なことではなく、ヒツジからの恵みに感謝して命をいただくということである。

(2) 毛・皮をどうする

羊毛は人類にとって、ヒツジから得られる最も有用な生産物である。家畜化の当初は自然に抜け落ちる冬毛でフェルトを作り、住居の材料となった。その後、糸を紡いで布や絨毯を織るなど、人類の生活に欠かせないものとなった。

化学繊維が発達した現在も羊毛はさまざまな形で利用されている。衣類や寝具のほか、住宅の断熱材や剣道具のクッション材、手芸の材料など、その用途は多岐にわたる。

年に一度、必ず生産される羊毛を無駄にせず、製品に加工したいものである（写真8～10）。また、製品にならない傷んだ羊毛や汚れた羊毛は生ゴミや土に混ぜて肥料や畑のマルチ資材としても利用できる。

皮については、ヒツジを屠殺した際に持ち帰ることが可能である。たっぷりの塩をすり込んでおけば長期間保存できるので、ある程度たまった段階でムートンなどに加工するとよいだろう。

写真8　カウチンセーター

写真9　フェルトの帽子

写真10　ヒツジのマスコット

(3) 経営収支の見通し

ヒツジ飼育で経営収支の見通しを立てることは非常に難しいことである。それは、羊毛や皮がいくらでどれくらいの量が販売できるのかは全くの未知数であり、確実に販売できる可能性が高い羊肉に関しても、子羊の生産率や出荷時の体重などの技術水準、飼育管理方法などによってその収支は大きく変わるからである。

したがって、本書では飼育者が目指すべき技術水準をもとに、羊肉生産を目的とした経営における収入とそれにかかる飼料費について考えてみることとする。

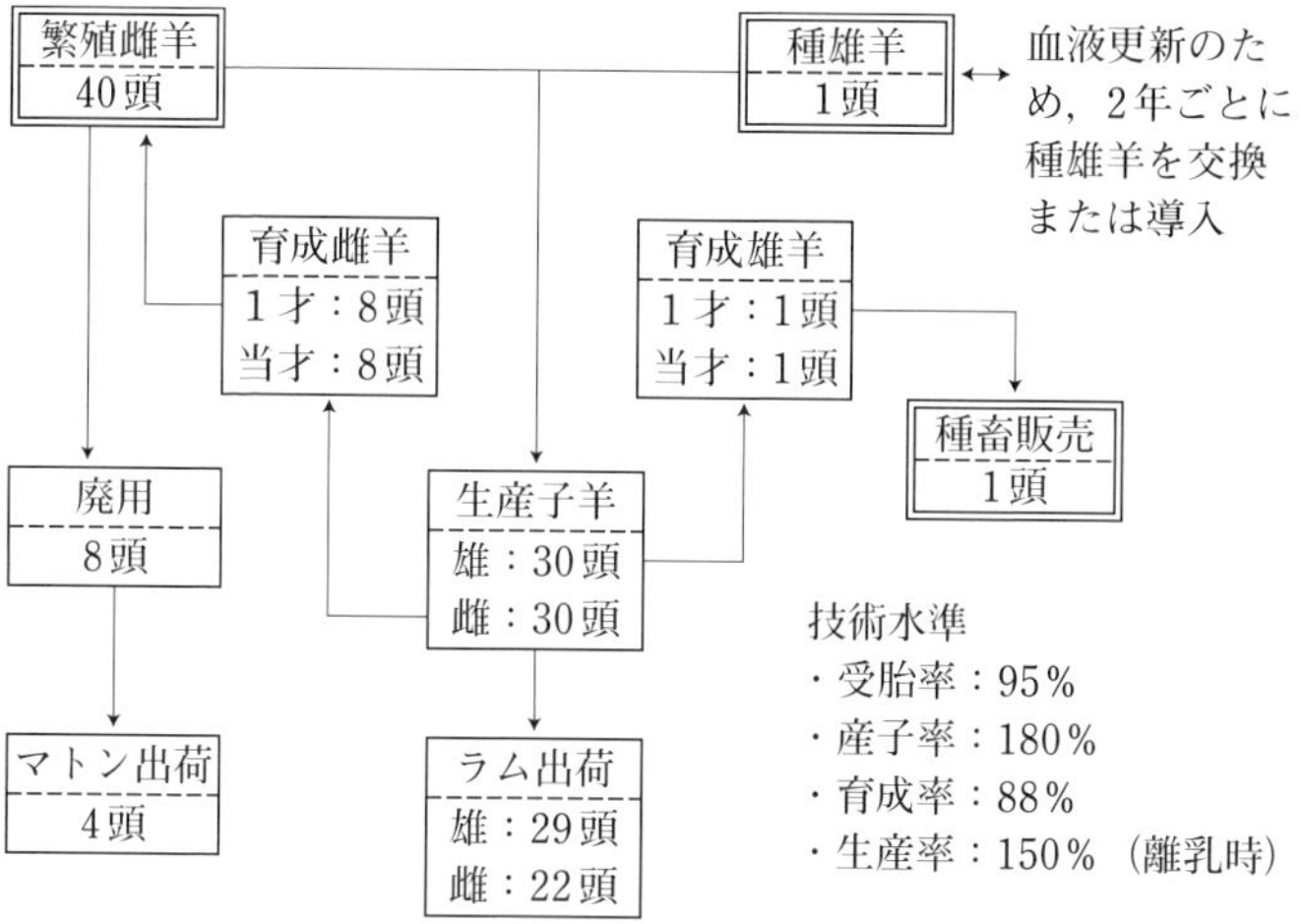

図7　ヒツジ生産のフローチャート

まず初めに飼育規模であるが、通常の自然交配では、種雄羊1頭で40頭程度の雌羊に交配が可能であることから、これをひとつの単位として出荷頭数や繁殖基礎ヒツジの更新計画を図7に示した。この図では毎年、繁殖雌羊の20％（8頭）を生産子羊で自家更新し、そのうち4頭はマトンとして販売することとした。また、種雄羊については血液更新のため、2年ごとに他の農場と交換または購入することとしているが、交換がうまくできなかった場合には新たな種雄羊を購入することとなる。生産した子羊については、自家更新に用いる雌羊8頭および、種畜として販売する雄子羊1頭以外は全てラム肉として出荷することとした。

ヒツジの販売による収入については、ラム肉の枝肉価格を1kg当たり３０００円、出荷時の体重を雄27kg（生体重60kg）、雌23kg（生体重52kg）

表2　ヒツジ販売による収入（繁殖雌羊40頭規模）

区分	数量	金額（円）	算出基礎
ラム枝肉販売　雄	29	2,349,000	29 頭× 27kg × 3,000 円
雌	22	1,518,000	22 頭× 23kg × 3,000 円
種雄羊	1	200,000	1 頭× 200,000 円
廃用（マトン）	4	120,000	4 頭× 30,000 円
計		4,187,000	

表3　ヒツジ1頭当たりの年間飼料必要量と繁殖雌羊40頭規模の飼料費

区分	ヒツジ 1 頭当たり			繁殖雌 40 頭規模の飼料費		備考
	乾牧草 (kg)	配合飼料 (kg)	飼料費 (円)	頭数 (頭)	飼料費 (円)	
成雄羊	913	110	25,410	1	25,410	
成雌羊	730	142	23,830	40	953,200	
育成雄羊	480	96	15,840	1	15,840	生後 11 ～ 18 カ月齢
育成雌羊	432	96	14,880	8	119,040	生後 11 ～ 18 カ月齢
当才雄羊	315	84	11,760	1	11,760	生後 4 ～ 10 カ月齢
当才雌羊	273	84	10,920	8	87,360	生後 4 ～ 10 カ月齢
肥育子羊	189	180	15,480	51	789,480	離乳後 1 ～ 6 カ月間の平均
哺育子羊	43	25	2,485	60	149,100	生後 3 カ月齢まで
飼料費合計					2,151,190	

注　年間に必要な飼料を全て購入した場合の数値を示した
　　飼料費は乾牧草を 20 円 /kg，配合飼料を 65 円 /kg として試算した

とするとラム肉の販売価格は雄雌合わせて386万7千円、種雄羊1頭当たりの価格は20万円、廃用マトンを1頭30000円で販売できれば4頭で12万円、収入の合計は418万7千円となる（表2）。

次に年間に必要な飼料費だが、表3に示すとおり、1年間に必要な飼料を全て購入した場合、繁殖雌羊40頭規模では年間215万円程度となり、収入のおよそ半分は飼料費に向けられることとなる。放牧管理を取り入れれば飼料費の節約にはなるが、実際の経費には飼料費以外に光熱費や施設・機械類の維持費などが必要となることも考慮しておかなければならない。

第3章
飼育の準備

1　飼育環境の整え方

(1)　ヒツジを取り巻く環境

　ヒツジを飼育するうえで、ヒツジが快適に過ごせる環境を整えることは重要なことである。ヒツジを取り巻く環境には気候的要因や地勢的要因など、制御できない地域特有の要因もあるが、羊舎の環境や飼料成分などの化学的要因、病原菌や寄生虫などの生物的要因については、ヒツジの健康に影響しないように問題となる要因を排除または制御しなければならない。また、ヒツジにとっては、飼育者の行動もストレスの原因となる場合があるということを忘れてはならない（図8）。

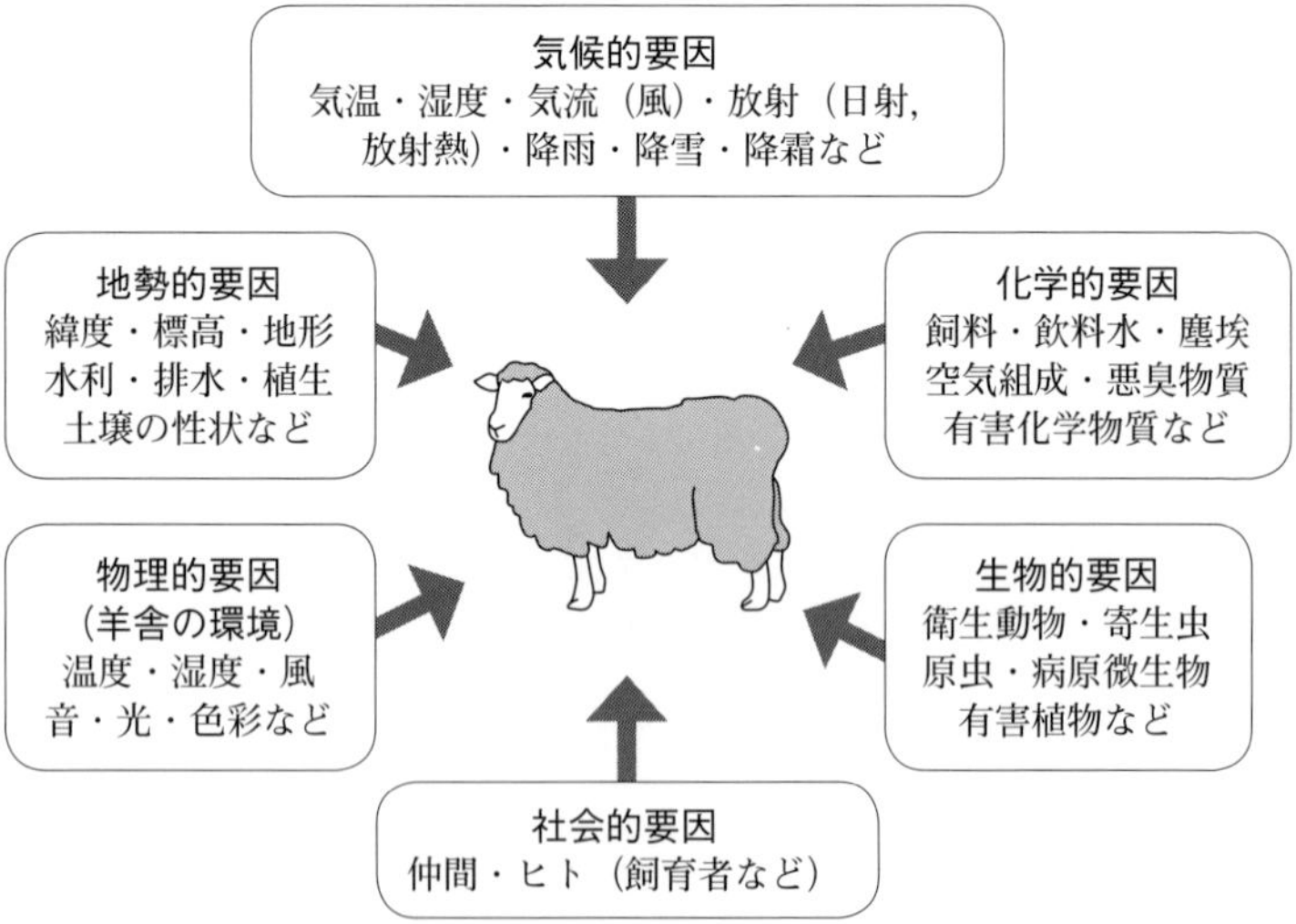

図8　ヒツジを取り巻く環境

(2) 温熱環境の制御

温熱環境とは、温度、湿度、風および放射熱のことをいい、これらは直接的に体温調節に関わる要因である。

ヒツジは寒さには比較的強く、幼弱な子羊を除けば低温に対する環境制御は特に必要はない。しかし、寒冷時にはヒツジ自体が体温低下を防ぐために採食量が増加するため、飼料が不足しないよう注意が必要である。

一方、暑さはヒツジにとって大敵であり、健康状態や生産性に大きな影響を及ぼす。ヒツジが正常な体温を維持し、快適に過ごせる温度は10～20℃であるが、20℃を超えると呼吸数や飲水量が増加し、食欲の低下や運動量の減少が見られる。これらの現象は体温の上昇を抑えるための生体反応であるが、汗腺の少ないヒツジは気道からの水分蒸散によって熱を放散しているため、気温の上昇とともに呼吸数が増加し、28℃以上になると毎分200回を超える浅く速い呼吸となる。飲水量の増加は、呼吸数の増加によって水分が奪われるためであるが、水を飲むこと自体に体温を低下させる効果もある。しかし、水の温度が体温よりも高ければその効果はなく、飲水量も減少してしまうため、暑熱時には常に新鮮で冷たい水を飲めるようにしておく必要がある。

環境制御の方法としては、羊舎内の換気をよくし、扇風機による送風、遮光ネットによる日光の遮断、屋根への散水や石灰乳塗布などが考えられる。石灰乳塗布とは水で溶いた石灰を屋根に塗ることによって日光を反射させ、畜舎内の温度上昇を抑制する方法である。

また、放牧地ではヒツジが直射日光から身を守れるよう、できるだけ風通しのよい場所に屋根などを設けて日陰を作ってやること、そして、こまめに水を冷たいものに取り替えてやることである。

写真11　ビニールハウスを利用した羊舎

(3) 羊舎の構造

羊舎はヒツジにとって快適に過ごせる環境であり、飼育者にとっては給餌や敷ワラの交換などの作業がやりやすい機能的な構造であることが大切である。内部の構造については図9に示すように、妊娠期―分娩初期―分娩後期―分娩後の各時期によって利用の仕方が変わるため、内部の仕切りや柵類は簡単に取り外して移動できるものにしておくとよい。したがって、建物の内部に工作物のない倉庫やビニールハウス（写真11）などを羊舎として利用すればよいが、換気と採光には十分配慮する必要がある。

ヒツジの飼育スペースとして必要な面積は、1頭当たり成雄羊で2・7～3・3㎡、成雌羊は2・2

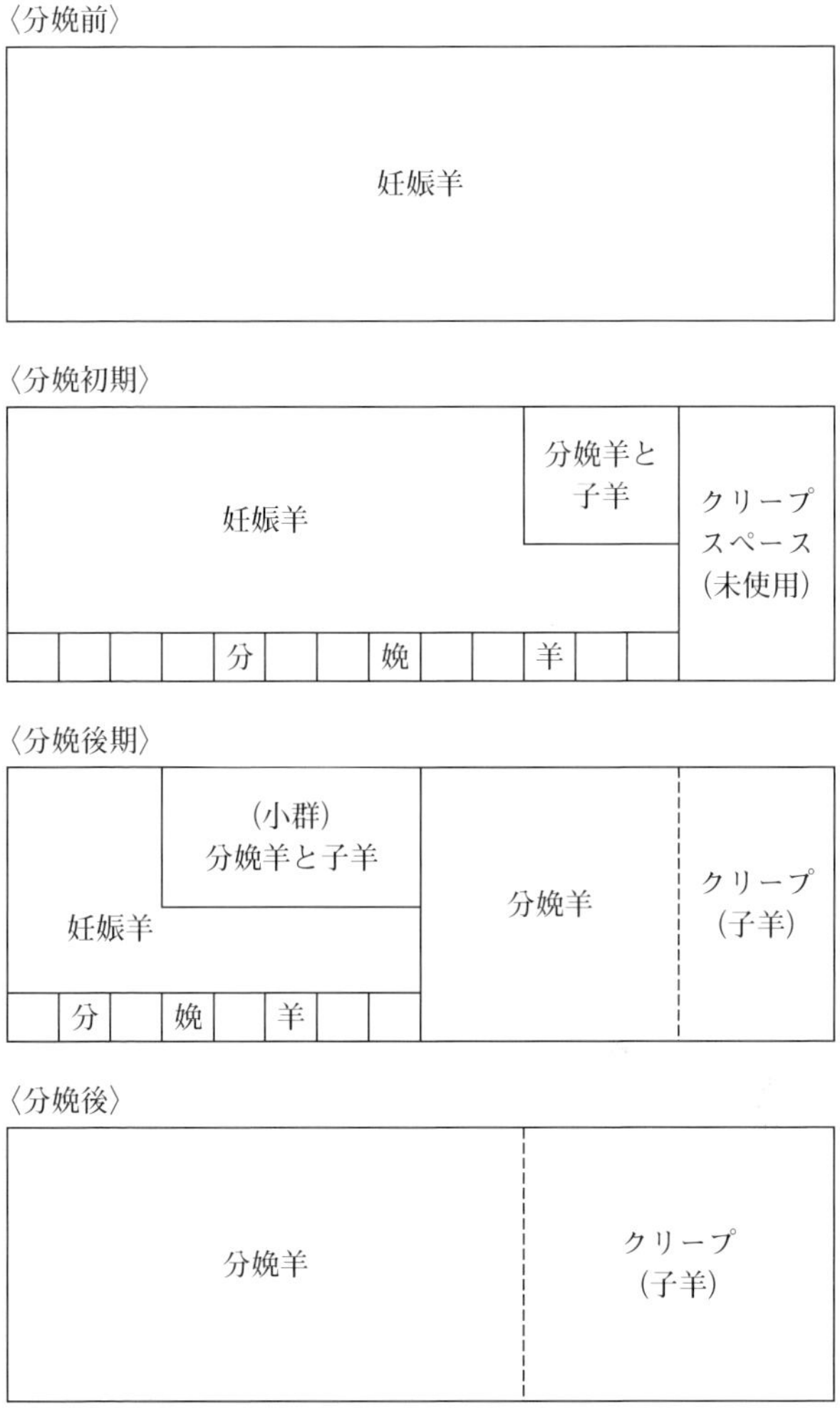

図9　分娩前後における羊舎レイアウトの変化

表4　ヒツジ1頭当たりに必要な床面積と飼槽の幅

	成雄羊	成雌羊	育成羊	子羊（クリープ）
床面積（m^2）	2.7 ～ 3.3	2.2 ～ 3.3	0.8 ～ 1.4	0.3 ～ 0.5
飼槽の幅（cm）	50 ～ 60	40 ～ 60	30 ～ 40	20 ～ 30

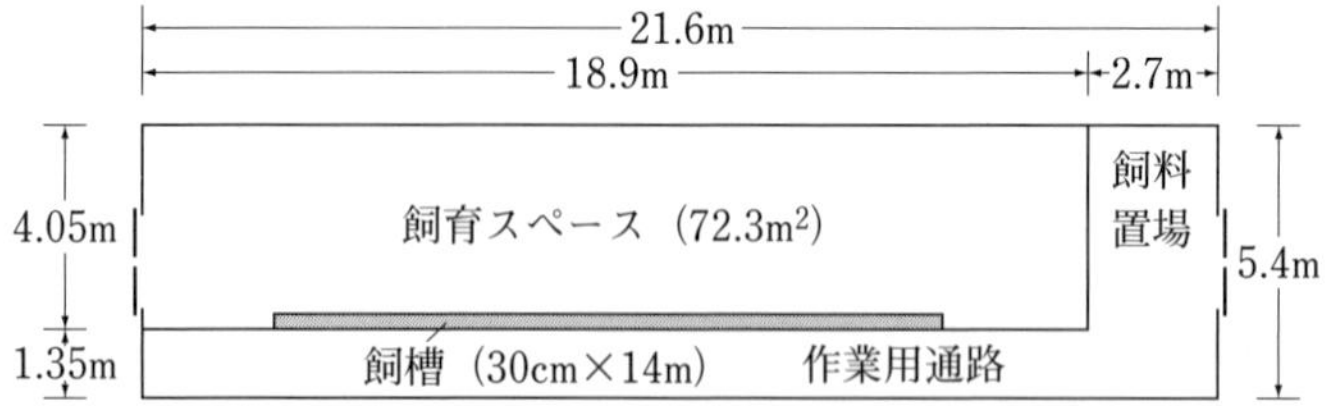

図10　ビニールハウスを利用した羊舎内部の一例

～3・3㎡で分娩時には産まれた子羊のスペースを含めた面積と考えればよいが、子羊には生後2週目頃から専用の餌場（クリープ）が必要となるため、1頭当たり0・3～0・5㎡のスペースを確保しておかなければならない（表4）。また、給餌に必要な飼槽の長さは成雌羊の場合、妊娠前期には1頭当たり40㎝程度でよいが、妊娠末期には腹囲が増大するため、60㎝程度は必要となる。

実際にビニールハウスでヒツジを飼育する場合、たとえば間口が5・4m、奥行き21・6mのビニールハウスであれば、作業用通路や飼料置場を設けても飼育スペースは飼槽部分（14m×30㎝）を除いて72・3㎡を確保でき、成雌羊20～22頭を収容することができる（図10）。

(4) パドック

パドックは羊舎に付属した運動場である。舎飼い期にはヒツジが運動不足になりがちであるため、羊舎の周りに柵を張って、日中に運動や日光浴ができるようにしておくとよい。また、敷ワラ交換などの作業を行なう際に、パドックはヒツジの待機場所として利用することができる。広さは羊舎の1.5～2倍程度が適当である。

2　さまざまな設備の作り方

羊舎内の設備

柵類

ヒツジの飼育に用いる基本的な柵には、羊舎の内部を区分したり通路用の柵として使用する長柵（図11）と、分娩時に母子羊を囲うための分娩柵（図12）、子羊の餌場を作るためのクリープ柵（図13）がある。

長柵はヌキ板を5段張りにした柵であるが、一般に木材は長さ12尺（360㎝）の規格で販売され

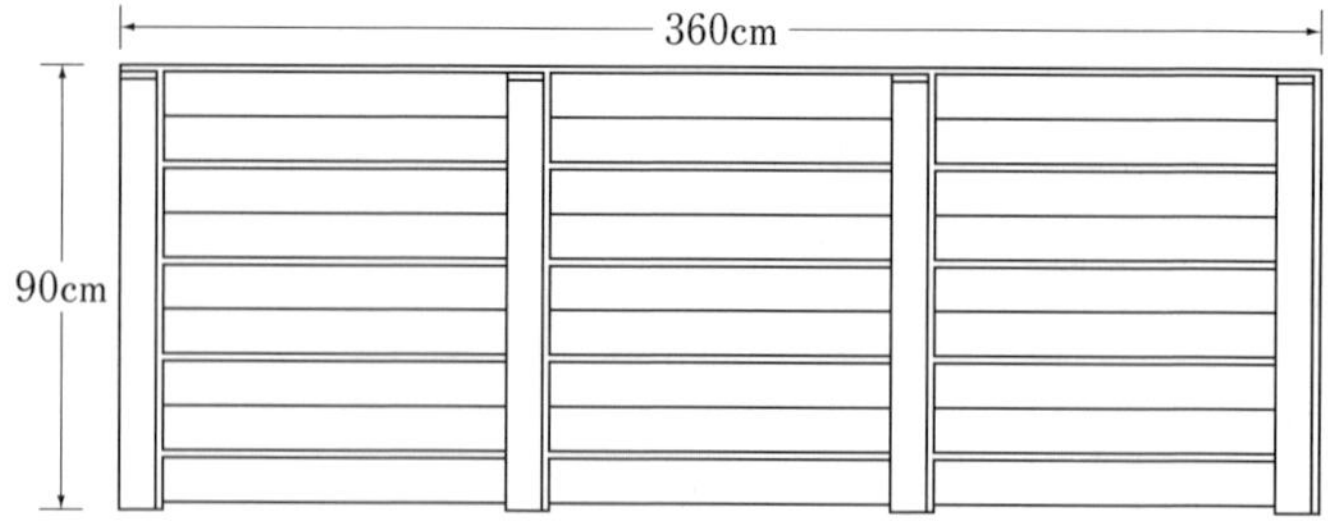

図11　長柵

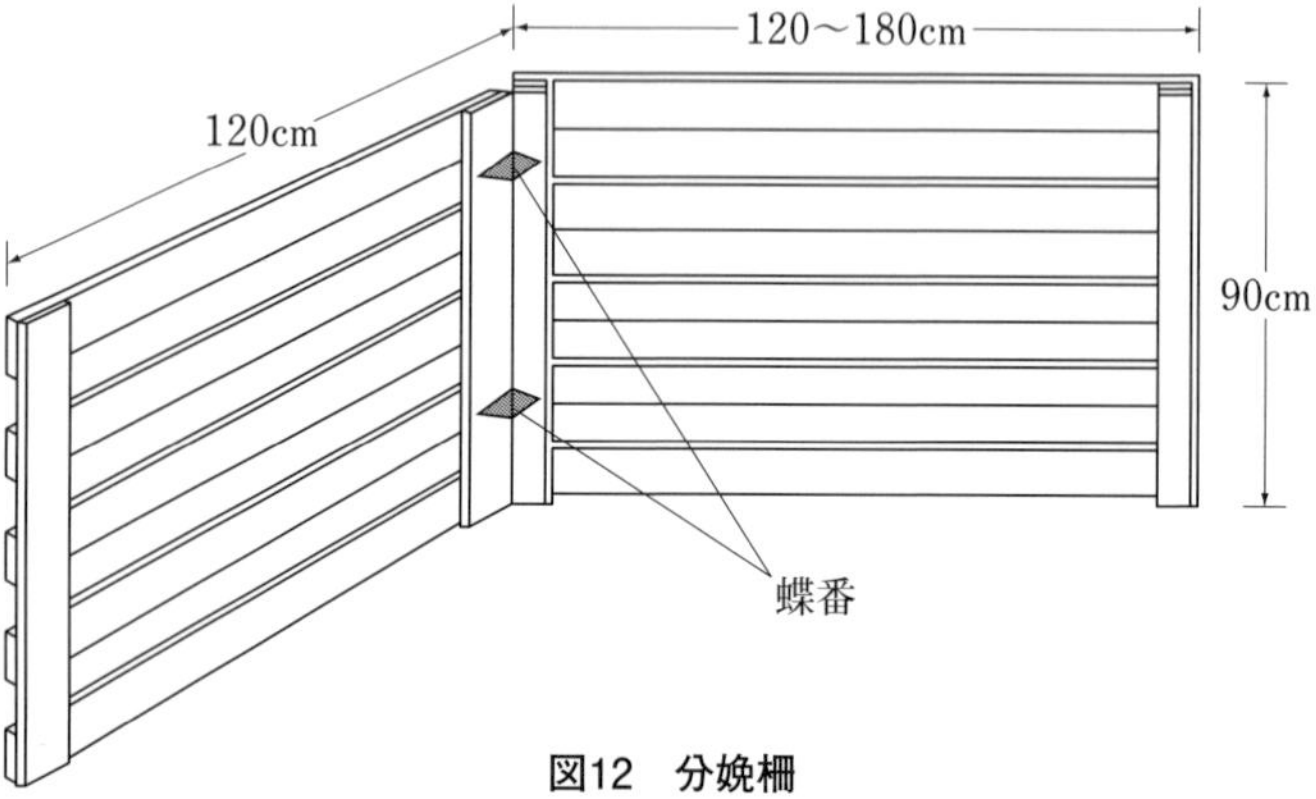

図12　分娩柵

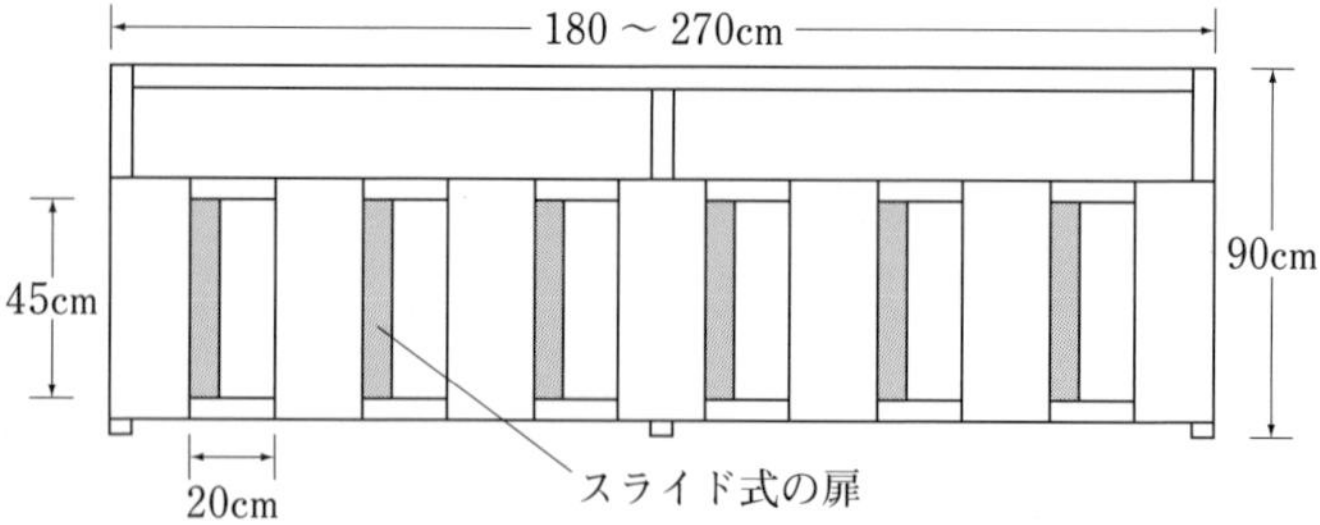

図13　クリープ柵

ているため、柵のサイズも長さ３６０㎝、高さはその４等分の90㎝とすれば材料を無駄なく利用できる。

分娩柵は長さ１２０～１８０㎝の柵で、ヒツジを小さく囲うときに用いるが、図12のように２枚の柵を蝶番でつないでおけば簡単に丈夫な囲いを作ることができる。また、長柵と組み合わせて大きな囲いのコーナー部分に分娩柵を用いることで仕切り柵の補強や、扉として利用することもできる。

写真12　クリープ柵

クリープ柵は子羊が通り抜ける開口部を設けた柵であり、哺育期間中の子羊に固形飼料を食べさせるための子羊専用の餌場を作るために用いる柵である（写真12）。図13に示したクリープ柵は子羊の出入口にスライド式の扉を設けて開閉できる構造にしているが、これは母羊への給餌の際に子羊が突き飛ばされたり踏まれたりしないよう、クリープ柵内に避難させておくとともに、固形飼料への馴致を行なうためである。

以上の３種類の柵が羊舎の設備として必須アイテムであるが、その他、扉付きの柵（図14）や２枚の柵を組み合わせたスライド柵（図15）など、羊舎の構造や作業形態に応じて使いやすい柵を工夫して準備しておくとよい。

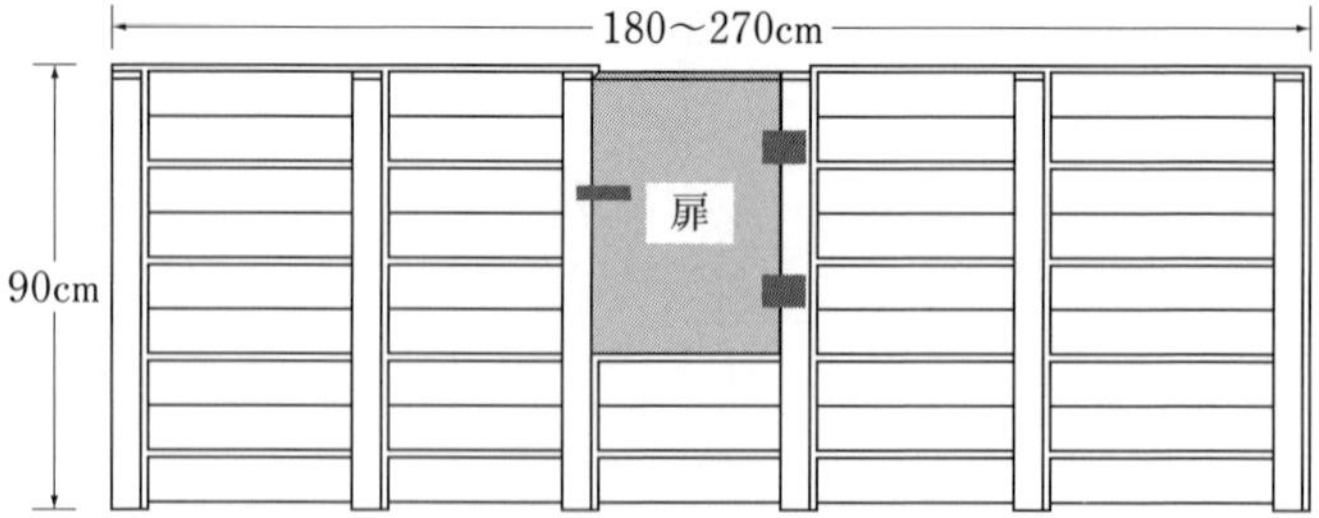

図14　扉付きの柵

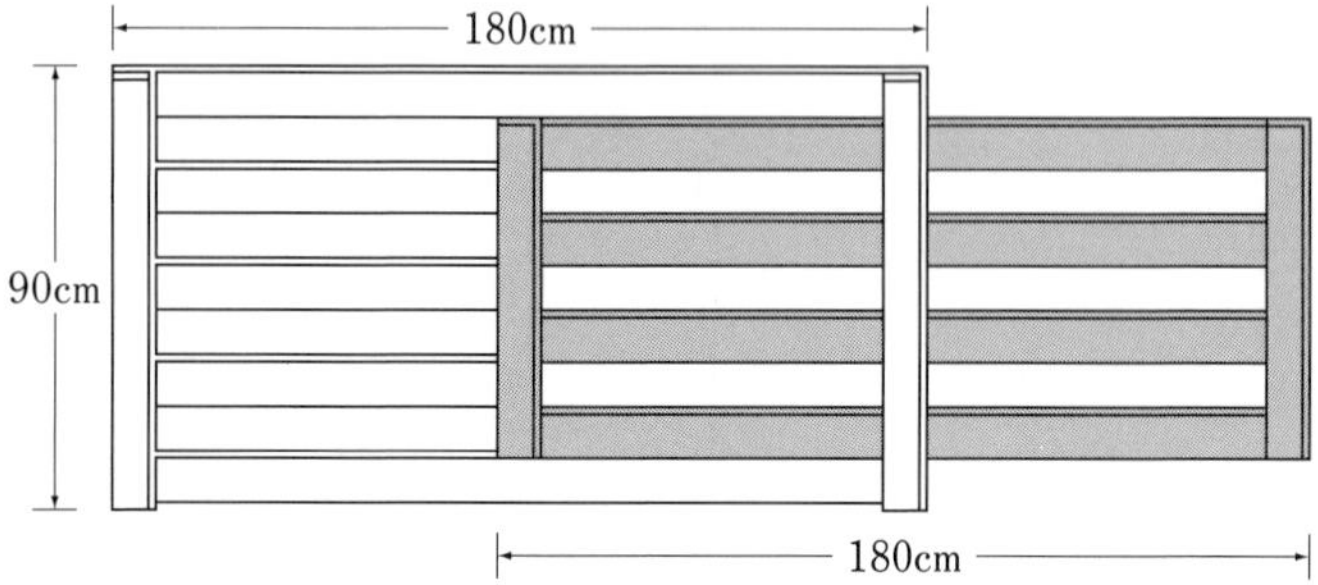

図15　スライド柵

写真13　ゴム製タライの水槽と柵に
取りつけた塩の容器

給餌器具

給餌器具には乾草を食べさせる草架や、穀類などの濃厚飼料を食べさせる飼槽のほかに水槽や塩を舐めさせるための容器（写真13）などがある。いずれも決まった形があるわけではなく少頭数の飼育であればプラスチックのコンテナボックスを利用することもできるが、頭数が多くなれば、それに応じた容量が必要となるため、羊舎の構造に合わせて使いやすいものを作ることになる。

草架には通路や壁に面して固定するもの（写真14、図16）や、飼育スペースの中央でロールベール乾草を丸ごと与えるタイプ（写真15）のほか、飼槽兼用タイプ（図17〜19）がある。また、これらのほかにクリープ柵内で子羊に固形飼料や乾燥を与えるための飼槽（図20）も用意しておく必要があるが、子羊の飼槽は飼料が無駄にならないよう、倒れにくく、子羊が飼槽内に侵入しにくい形状が望ましい。

ロールベール用の草架は、鋼材製の2種類の柵を2枚ずつ使ってロールベールを囲うものであり、写真16のようにヒツジが乾草を食べ進めるとBの柵がスライドして縮まる仕組みになっている。

ここに示した草架や飼槽はほんの一例であり、サイズも全ての羊舎に適合するわけではないが、これらを参考にして羊舎の広さや構造に合わせてサイズや形状をアレンジしてもらえばよいだろう。

放牧設備

ヒツジを草地や耕作放棄地などに放牧するためには牧柵と給水設備（写真17）が必要となる。また、

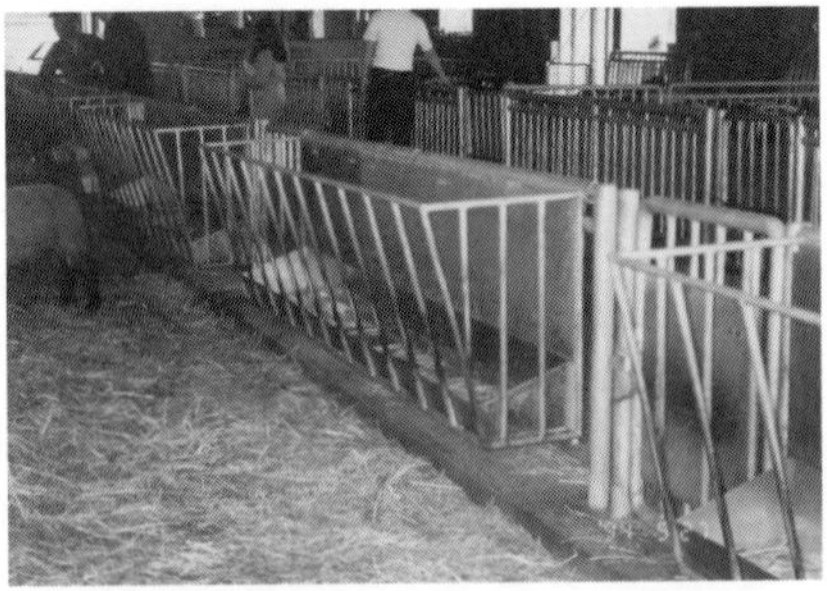

写真14　通路側の柵に固定された草架

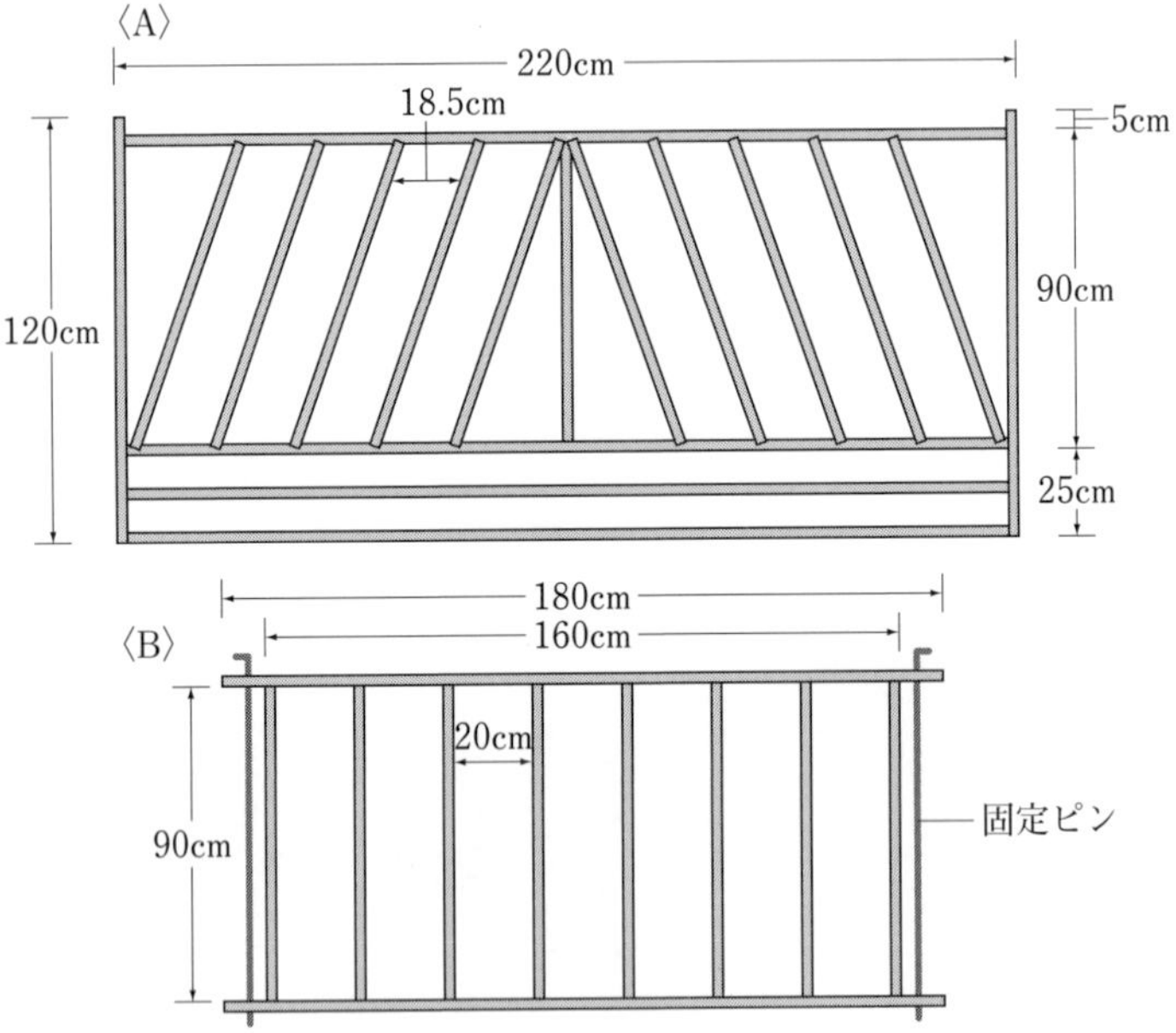

図16　ロールベール草架

A，Bの柵を各2枚使ってロールベール乾草を囲う

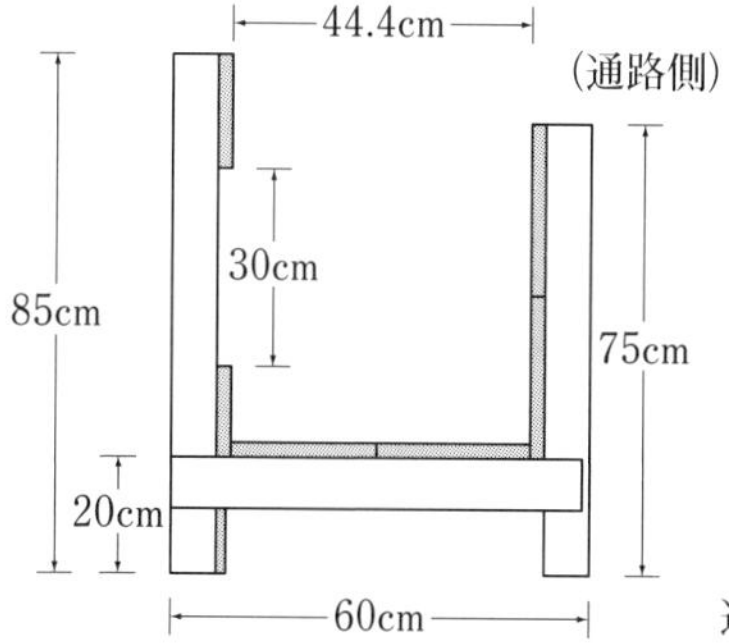

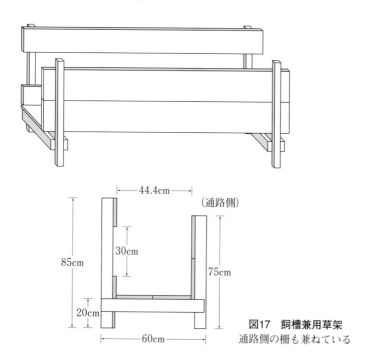

図17　飼槽兼用草架
通路側の柵も兼ねている

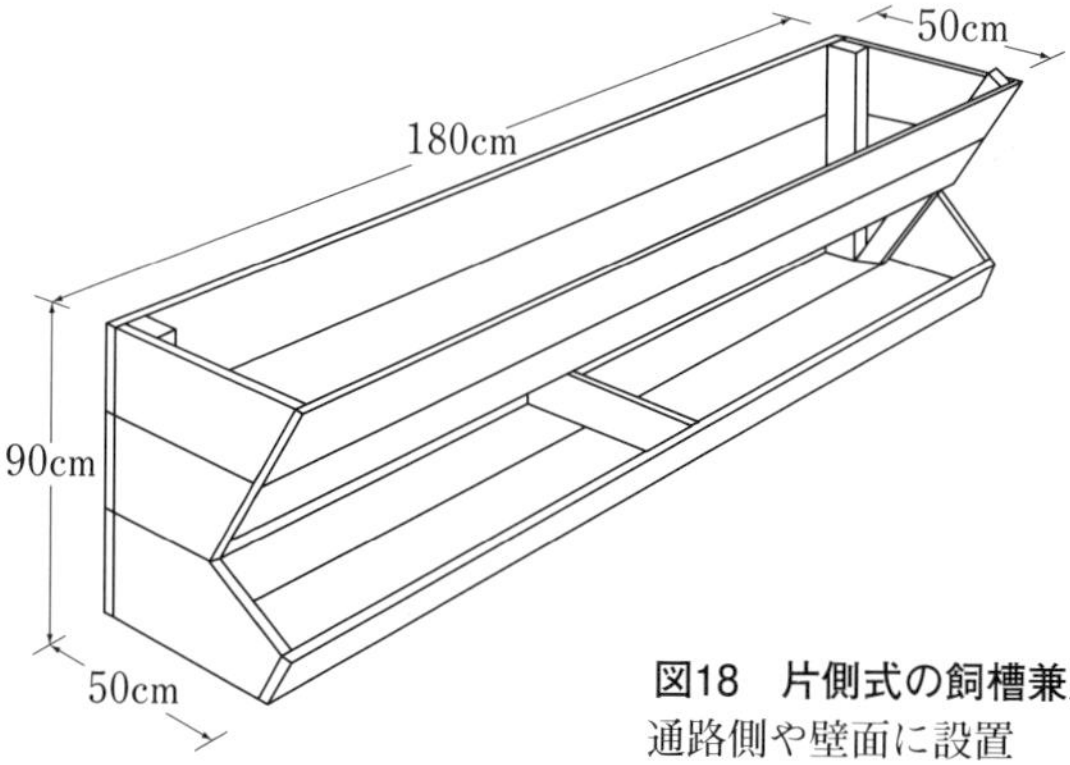

図18　片側式の飼槽兼用草架
通路側や壁面に設置

写真16　ロールベール草架
（柵Bが縮まった状態）

写真15　ロールベール草架

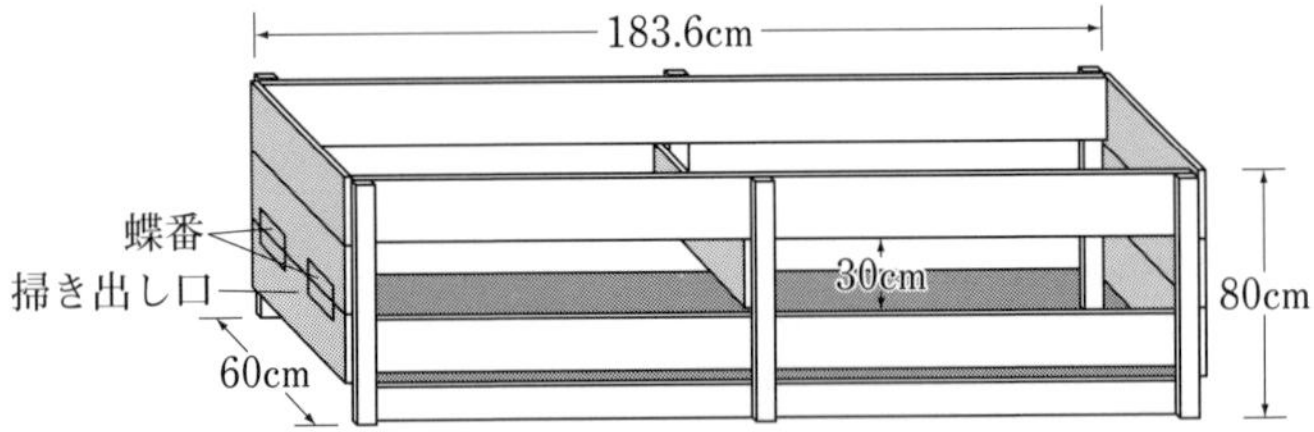

図19　両側式の飼槽兼用草架

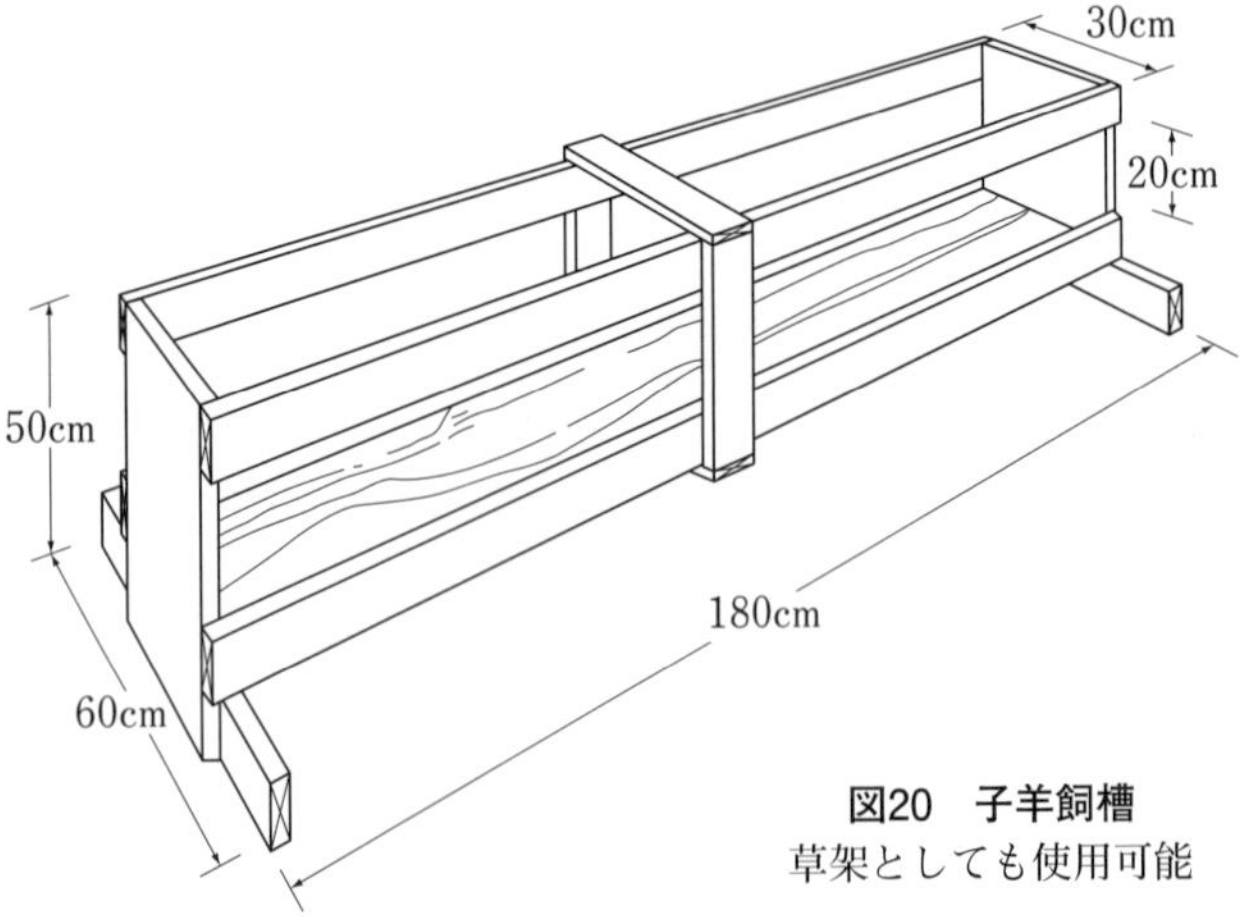

図20　子羊飼槽
草架としても使用可能

日陰のない放牧地では、暑熱対策として風通しのよい場所に庇陰小屋（写真18）を設置しておくとよい。

ヒツジ用の牧柵としては、一般にネットフェンスや電気牧柵が用いられるが、どのような場所にどのような目的で放牧するかによって、資材の選択は変わってくる。たとえば、ふれあいや展示を目的とする場合には８０００ボルト以上の電気が流れる電気牧柵は危険だし、耕作放棄地や遊休地のヒツジを放す場合には、放牧にかかる経費や除草後の土地の利用目的によって、恒久的な柵を設置する必要がないこともある。

写真19は実際に耕作放棄地で使用されている簡易電気牧柵であるが、ソーラー式のパワーユニット

写真17　放牧地に設置した水槽

写真18　パイプ車庫を利用した移動式の庇陰小屋

写真19　耕作放棄地での放牧に用いられている簡易電気牧柵

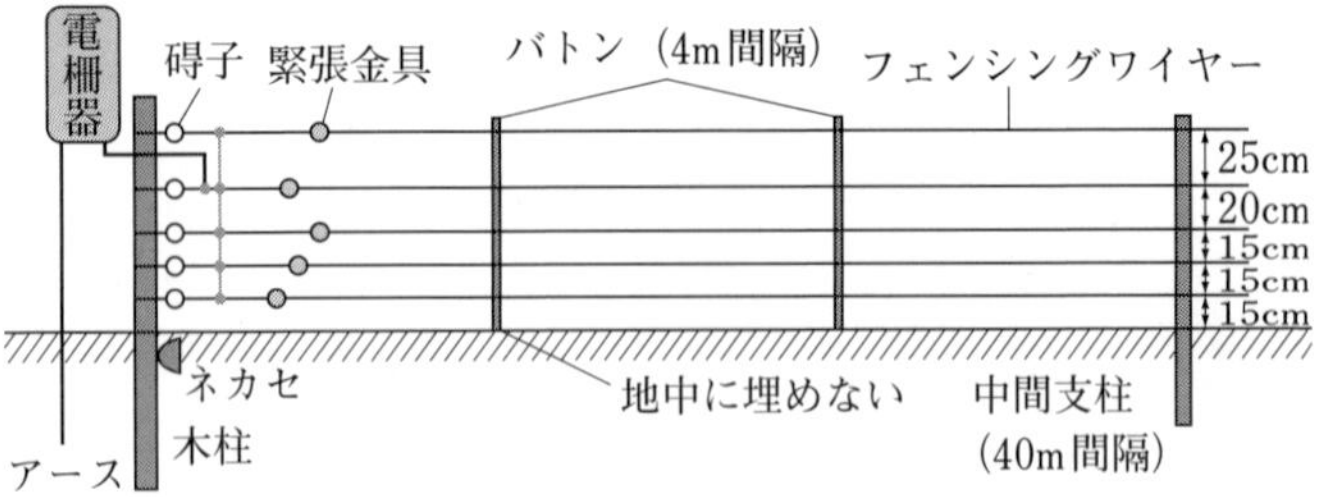

図21　フェンシングワイヤーを用いた電気牧柵

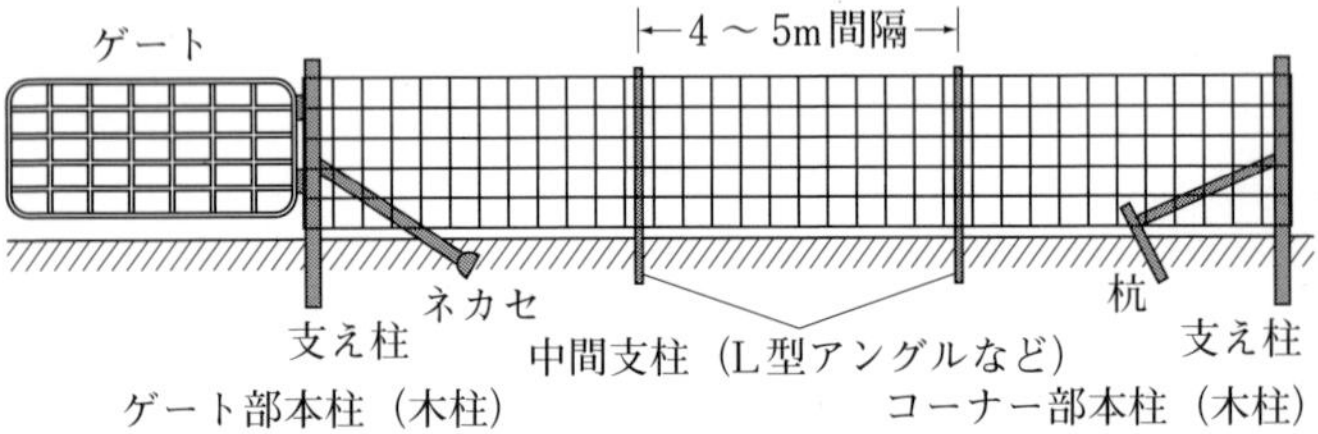

図22　ネットフェンスの施工例

とポリエチレンワイヤーの簡易柵でヒツジを制御することができる。ただし、この場所はほとんど人が立ち入ることもなく、たとえヒツジが脱柵したとしても周囲に迷惑がかからない場所であるからこそできる手法でもある。

ヒツジを牧草地に放牧する際の1頭当たりに必要な面積は、春から秋までの約半年間で5ａ程度であるが、実際には季節によって牧草の成長速度が大きく変わるため、必要面積も季節によって変動する。つまり、牧草の成長速度が速い春には3･0～3･5ａで十分であるが、秋には7ａ程度の草地面積が必要となる。このため、特に秋には牧草の状態を見ながら放牧時間を制限したり、補助飼料を給

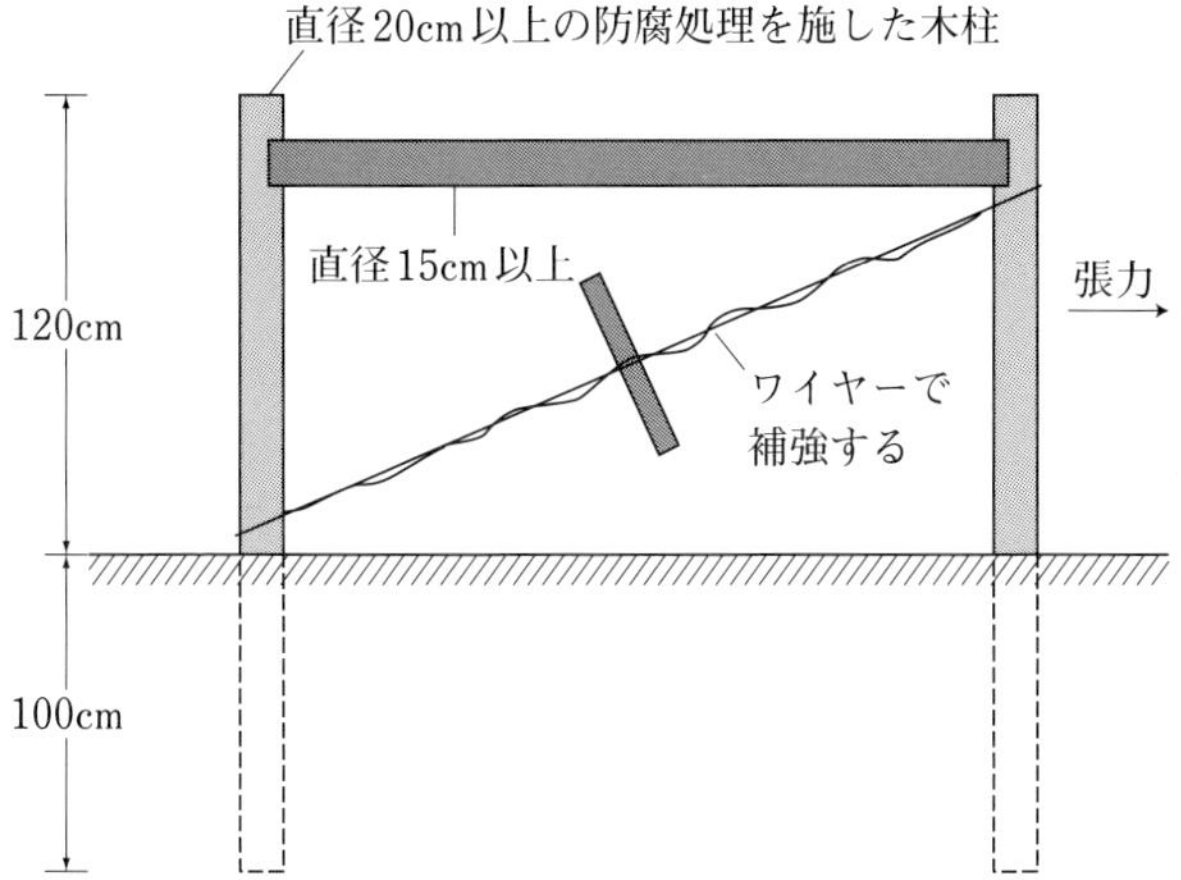

図23　牧柵の始点およびコーナー部の補強

与するなどの対応が必要となる。

放牧を行なうためには飼育頭数に応じた面積を牧柵で囲うことになるが、牧草を効率的に利用するためには、外周柵のほかに草地の内部に中仕切り柵を設けて輪換放牧ができるようにしておく必要がある。輪換放牧とは、いくつかに区分した草地を順次移動する方法であり、牧草の状態を確認しながら、ヒツジが好む短草を効率よく食べさせることができる。

外周柵には一般的にフェンシングワイヤーの電気牧柵（図21）やネットフェンス（図22）などの恒久柵が用いられる。どちらの柵にもゲート部やコーナー部には防腐処理を施した太い木柱が用いられ、さらに柱が倒れないようにネカセや支え柱を取りつけている。これはネットフェンスやワイヤーが弛まないように緊張をかけることによって

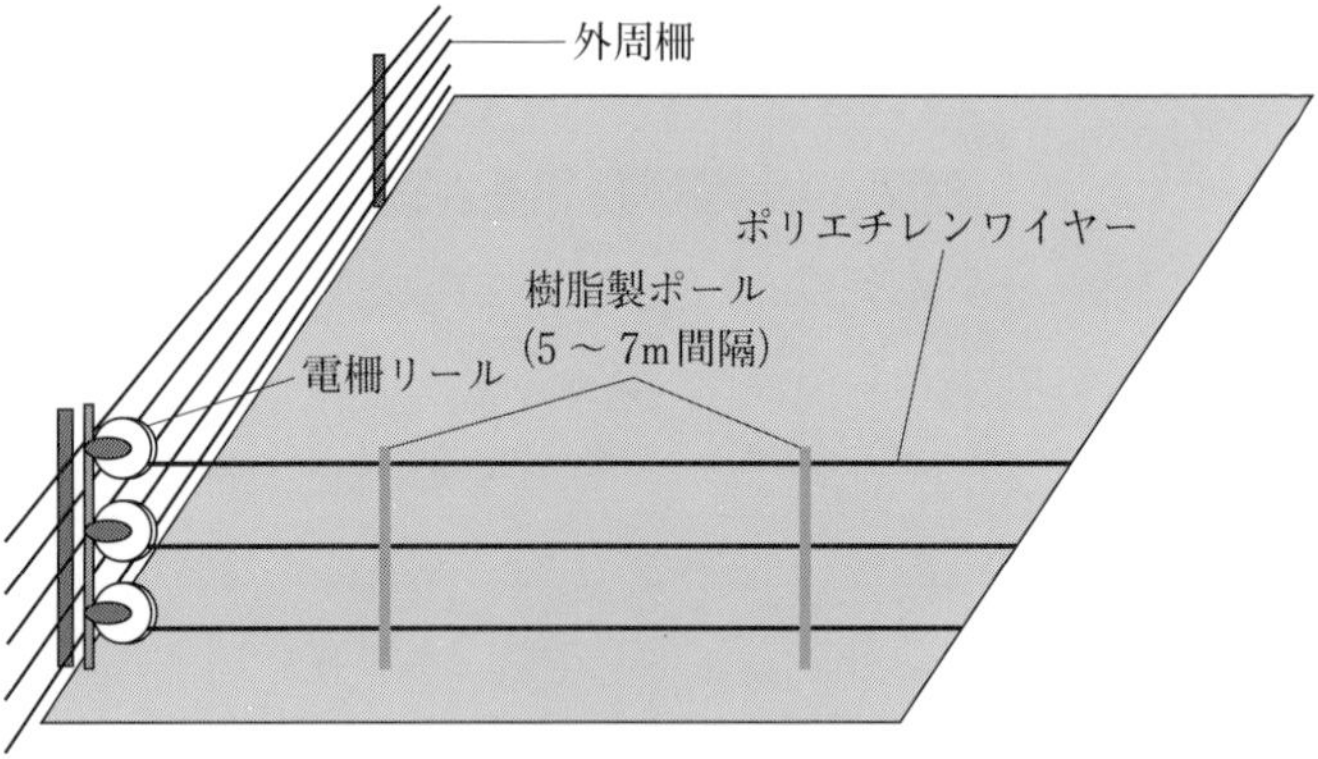

図24　簡易柵を用いた中仕切り柵

写真20　ポリエチレンワイヤーの中仕切り柵

柱に大きな力が加わるからであり、図23のように2本の木柱を用いて補強する方法もある。

中仕切り柵も外周柵と同じ資材でもよいが、外周柵に電気牧柵を用いた場合には中仕切り柵にポリエチレンワイヤーの簡易柵（図24、写真20）を利用することができる。

また、ネットフェンスの場合にも電気牧柵の架線を取りつけておけば、簡易柵の利用が可能となる。

なお、これらの牧柵を効果的に利用するためには、立地条件に応じて資材や施工法を選択する必要があるため、施工前に専門家のアドバイスを受けるとよい。

飼料の調達

ヒツジは草食動物であり、牧草を主体とする粗飼料を十分に食べさせなければならない。放牧地があれば、春から秋にかけては放牧管理で牧草を食べさせることができるが、冬期間には乾牧草やサイレージなど、貯蔵可能な粗飼料を確保する必要がある。これらの飼料を全て自給する場合には、放牧地とは別に採草用の草地（1頭当たり5ａ程度）のほか、牧草の収穫や調製に使用する資機材を揃える必要があり、それにかかる経費や労力を考慮しなければならないが、一般的なヒツジ生産農場では粗飼料の大半を購入していることが多い。粗飼料としては牧草以外にキャベツやハクサイの外葉、マメ殻などの農産副産物も利用できるので、近隣で入手できるものがあれば、飼料費を節約するためにも有効に利用するとよい。ただし、これらは牧草に比べて栄養価が低いため主食にはならないことから、ヒツジの飼育を始める前に乾牧草やサイレージなど入手先を探しておく必要がある。

ヒツジを健康に飼育するためには粗飼料のほかに濃厚飼料も用意しておかなくてはならない。濃厚飼料とはムギやトウモロコシなどの穀類や豆類、ぬか類および、これらを混ぜ合わせた配合飼料のことをいい、これらは飼料会社から購入することとなる。

3　ヒツジの導入

(1) 品種を選ぶ

ヒツジは世界各国に分布し、家畜としての長い歴史の中で毛や肉、乳、毛皮など、さまざまな目的で改良が行なわれ、多くの品種が作られてきた。その数は1000種以上ともいわれており、もともとヒツジがいなかった日本にも明治以降、羊毛生産を目的としてメリノやコリデールなど数多くの品種が輸入された。その後、1955年以降にはヒツジの飼養目的が羊毛から羊肉へと変わる中で、サウスダウンやロムニマーシュ、ボーダーレスターなどが輸入されたが、どの品種も国内に定着することはなく、昭和40年代に本格的に輸入されるようになったサフォークがラム肉生産の主要品種となった。さらに最近では、テクセルやポールドーセット、乳用種のフライスランドも輸入されているが、現在もなお日本の主要品種がサフォークであり、全体の半数程度を占めている。

したがって、現段階でヒツジを導入するとすれば、純粋種であれば、最も頭数の多いサフォーク、あるいは、ある程度の頭数が飼育されているテクセルまたはポールドーセットということになる。また、品種にはこだわらないということであれば交雑種を導入するという選択もある。

いずれにしてもヒツジの頭数が少ない日本で純粋種を維持していくためには定期的に海外からの導入によって血液更新を行なう必要があるが、ヒツジの輸入が可能なニュージーランドやオーストラリアではサフォークの頭数が減少しており、新たな品種の選択も必要になるかもしれない。

ここでは、現在国内で純粋種として飼育されている主な品種についてその特徴を紹介する。

サフォーク

イングランド南東部のサフォーク州が原産。在来種のノーフォークホーンにサウスダウンを交配して作られた大型の肉用種であり、良質なラム肉生産のための交配種（ターミナルサイヤー）として世界各国で利用されてきたが、最近はポールドーセットなど他の品種にその座を奪われつつある。

頭部と四肢に羊毛はなく、黒色短毛に覆われている。体重は雄が100～135kg、雌は70～100kg程度になる。羊毛は比較的短く産毛量も2・5～4・0kg程度とそれほど多くはないが、弾力があり、布団綿やニードルフェルトの材料に適している（写真21）。

写真21　サフォーク

テクセル

オランダ原産の肉用種で、在来種にリンカーンやレスターなどの英国長毛種を交配して改良が行なわれた。本種の特徴は腿の筋肉が非常に発達していることであり、体長は短いが枝肉歩留りがよい。ニュージーランドでは本種とサフォークの交雑種も生産されている（写真22）。

ポールドーセット

オーストラリアで、有角のドーセットホーンにライランドとコリデールを交配して作られた無角の肉用種。サフォークよりも多産で乳量も多い。オーストラリアではラム肉生産用のターミナルサイヤーとして多用されている（写真23）。

写真22　テクセル

写真23　ポールドーセット

写真24　フライスランド

フライスランド（イーストフリーシアン）

ドイツのイーストフリーシアン諸島原産の乳用種であるが、肉や羊毛も利用される。体格は大型で、雄は１００〜１２０kg、雌は75〜85kg程度。世界で最も能力の高い乳用種として知られており、多くの国に普及している。イースト・フライスランド・ミルヒ、ミルヒシープなどの呼び名もあるが、イギリスではフライスランドと呼ばれている（写真24）。

サウスダウン

イングランド南東部のサセックス州が原産。古くから飼育されていた小型の在来種から選抜育種されて作られた肉用種。体重は雄が70〜１００kg、雌が55〜70kgとサフォークに比べて小さく産肉量も少ないが、肉質は英国品種の中で最も良質であり、羊肉の王様ともいわれている（写真25）。

マンクス・ロフタン

イギリスの自治島であるマン島が原産。体格は小型で褐色の羊毛を生産する。雄雌ともに２〜４本の角を持ち、まれに６本角や無角のものも見られる。これは角芽を分割する遺伝子によるものである。

本種は１９７０年代に絶滅の危機に瀕し、イギリス本土で増殖され、現在は稀少品種保護団体によって保護されている。現在日本で

写真25　サウスダウン

飼育されているマンクス・ロフタンもこの団体から譲り受けたものであり、レア・シープ研究会のメンバーによって生体が維持されている（写真26）。

(2) ヒツジの入手方法

どこでどのようにすればヒツジを手に入れることができるだろうか。以前なら市場やヒツジの生産者から買う、あるいは家畜商を通じて買うなどの方法があったが、現在はヒツジの市場はなく、生産者の人たちもヒツジが足りなくて困っている。国内で入手できなければ輸入するという手もあるが、コストがかかりすぎる。ここはやはり、ヒツジを飼育している人にお願いするしかない。

生産者の人たちにもそれぞれの事情があるため、お願いしたからといって売ってくれるとは限らないが、知り合いになることによっていろんな情報も得られることだろう。

写真26　マンクス・ロフタン

ヒツジを買う側としては子羊や若い育成羊を手に入れたいところではあるが、毎年、更新される繁殖雌羊や何年か使った種雄羊であれば比較的入手しやすいであろう。ただし、その場合にはヒツジの状態に不安もあるので、現畜を確認するとともに、飼育していた人から更新の理由やこれまでの状況などをよく聞いておく必要がある。

なお、ヒツジを入手できる時期は一般に7～8月に限定される。これは、ヒツジが季節繁殖の動物であり、通常は2～3月に生まれた子羊が6月頃に離乳する時点で自家更新用子羊の選抜が行なわれ、ラム肉生産に仕向けられる個体が決定するからである。また、秋の交配に使わない成雌羊や成雄羊も同時期に販売される。しかし、そのときには既に行き先が決まっていることが多いため、遅くとも交配が行なわれる秋には生産者に翌年の購入希望を伝えておく方がよい。

(3) 導入時の注意点

ヒツジを導入する際に最も注意しなければならないことは、「病気のヒツジを買うな」ということである。もしも農場に病気を持ち込んでしまえば、これまで飼っていた健康なヒツジにも被害が及んでしまう。当たり前のことではあるが、ヒツジの頭数が不足している中、買えるときに買っておこうと、ヒツジの状態をよく確認もせずに購入するようなことは絶対にしてはいけない。こういうときだからこそ、よいヒツジを選んで、じっくりと増やしていくことを考えるべきである。

では、実際にヒツジを購入する際の具体的なチェックポイントを述べることにしよう。

①見た目の印象：姿勢がよく、眼は活き活きと輝いて活気があり、歩き方に異常がないこと。体は充実して胴伸びがよく幅と深みがあるものがよい。羊毛につやがなく、尻の周りが糞で汚れているもの

や、耳が力なく垂れているもの、涙や鼻水、よだれを垂らしているもの、呼吸に異常があるものは要注意。

②体を触ってみる：体が羊毛で覆われているため、実際に体に触って栄養状態を確認する。筋肉充実して適度に皮下脂肪があるものがよい。また、眼を確認して貧血や眼球に異常がないかを確認しておく。貧血のものはまぶたの裏側の粘膜に血の気がなく、白っぽくなっている。成雌羊の場合には乳房炎の有無、種雄羊は生殖器の状態を確認し、睾丸はやや硬めで大きいものを選ぶとよい。

③年齢を確認する：ヒツジの切歯（前歯）は生後1カ月までに8本の乳歯が生え揃い、その後約1年ごとに真ん中から2本ずつ永久歯に生え替わるため、永久歯の数で年齢を推定することができる（図25）。満4才で全ての切歯が永久歯に生え替わるわけだが、歯が抜けているか、すり減って短くなっているものはかなり老齢であると考えられるため、購入しない方がよい。歯の悪いヒツジは反芻のために口腔内に吐き戻した飼料によって口の周りを汚していることが多い。

④正常な発育をしているか：子羊を購入する際には正常に発育しているということが何よりも大切である。品種によって発育の程度は異なるが、サフォークやポールドーセットであれば離乳時（3カ月齢）の体重は30kg以上であることが望ましい。一見して体が小さく、腹だけは丸く膨らんでいるが胸や尻の幅が狭い子羊は消化器が十分に発達しておらず、大きくなることはできない。

⑤生産者から話を聞く：ヒツジの資質や能力はどの農場も同じというわけではない。飼養管理の方法

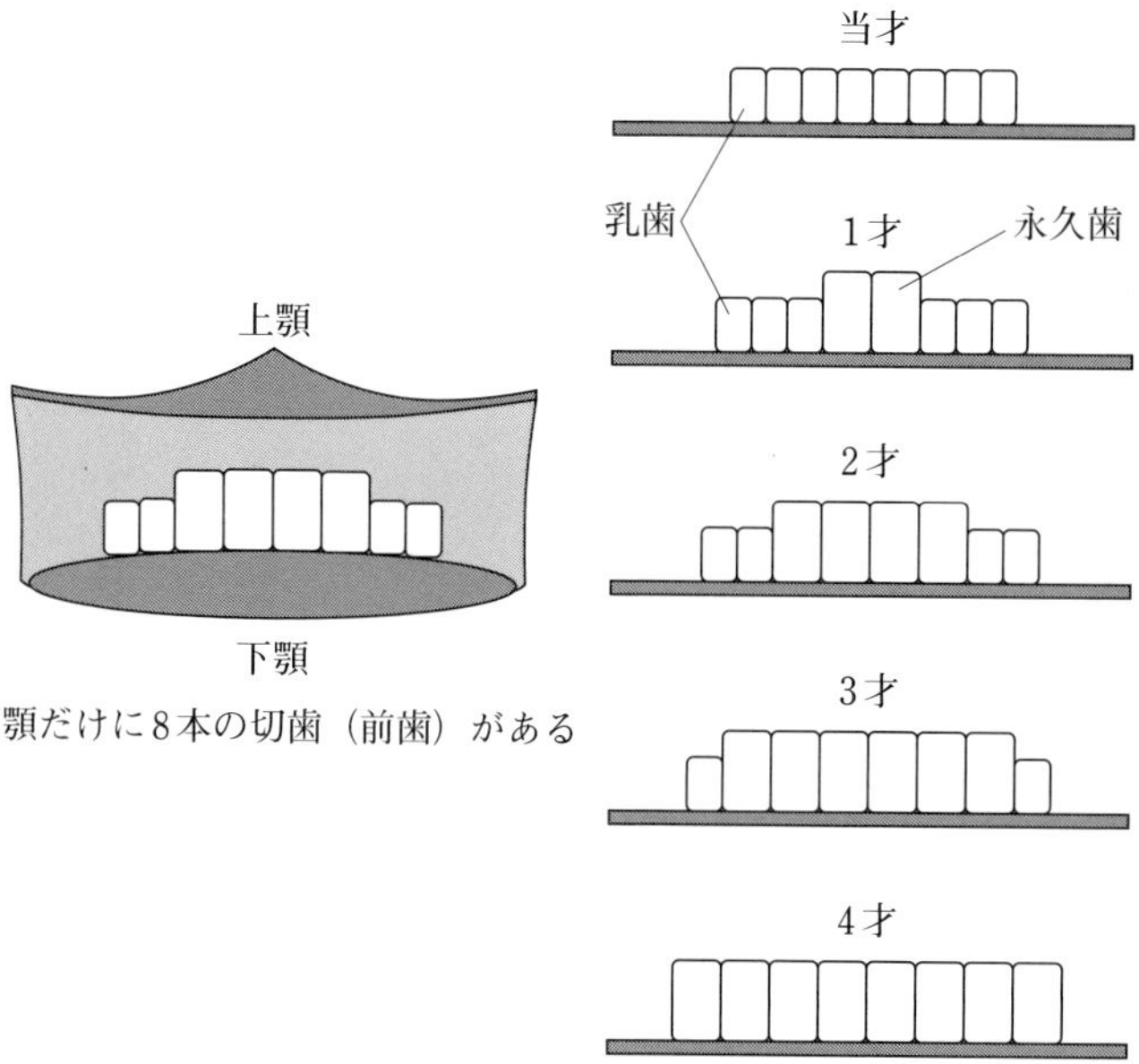

図25　切歯（前歯）による年齢の推定

や技術的な差も影響するため、購入しようとする農場の飼育管理および衛生管理の状況、繁殖成績、子羊の平均的な発育成績などを聞いておくことも大切である。また、実際に購入するヒツジについては病歴や駆虫薬などの投薬履歴についても確認しておくべきである。

(4)　導入羊の管理

既にヒツジやその他の反芻動物を飼育している場合、新たに導入したヒツジは、1週間程度は既存の家畜と接触させずに、異常がないかどうかを確認する。これは伝染病予防のための自家検疫であり、飼養衛生管理基準の中にも記載されていることであるが、健康なヒツジを購入したとしても輸送のストレスなどで体調を崩すこともあるため、健康チェックを行なう期間も必要である。

なお、長距離を輸送して導入された場合、到着したその日には水と乾牧草などの粗飼料のみを与え、濃厚飼料（穀類や配合飼料）を与えてはならない。輸送中のヒツジはほとんど飼料を食べていないため、空腹の状態で濃厚飼料を与えると第1胃の機能が低下してしまうからである。

4　ヒツジの登録とＰｒＰ遺伝子型検査

(1)　登録

登録の目的と種類

家畜であるヒツジの生産能力を高めるためには、飼養管理の改善と遺伝的能力の改良を同時に進めていく必要がある。つまり、ヒツジが本来持っている能力を十分に発揮させるためには、その能力に見合った適切な飼養管理を行なう必要があり、遺伝的能力が向上すれば、それに伴ってさらに飼養管理の改善が必要となる。

遺伝的能力の改良とは、優秀な遺伝子を持つ個体を選抜し、不良な遺伝子を持つ個体を淘汰するこ

表5　登録対象品種と登録の種類

	品種	登録の種類		
		予備登録	血統登録	種めん羊登録
1	サフォーク	○	○	○
2	サウスダウン	○	○	○
3	ロムニマーシュ	○	○	○
4	テクセル	○	○	○
5	ポールドーセット	○	○	○
6	日本コリデール	○	○	○
7	ボーダーレスター	○	○	—
8	チェビオット	○	○	—
9	ホワイトサフォーク	○	○	—
10	マンクス・ロフタン	○	○	—
11	フライスランド	○	○	—

注　上記以外に（公社）畜産技術協会が認める品種

とである。この選抜と淘汰を正確に行なうためには、血統や能力、特徴などを正しく記録・整理したうえで能力を評価する必要がある。登録とは、これらの記録を公的に証明するものであり、純粋種であることの証でもある。登録されていないヒツジは血統や品種を証明する確たる証拠がないため改良の基礎とはなり得ない。したがって、日本のヒツジを守り、改良を進めていくためには、少なくとも繁殖に用いる純粋種について登録を行なうことが望まれる。

登録の対象となっている品種は表5に示す11品種のほか、登録団体である公益社団法人畜産技術協会が認める品種となっている。また、ヒツジの登録には予備登録、血統登録、種めん羊登録の3種類がある。

①予備登録：血統登録を有しない生後15カ月齢以

上のものについて審査の結果、改良の基礎または材料として適当と認められれば登録が可能である。予備登録は血統登録のように、その父母が登録めん羊ではなくても登録できるため、これまで登録を行なっていなかった農場においても予備登録を行なっておけば、次の世代には血統登録が可能となる。

②血統登録：登録めん羊の間に生産された子羊について、離乳前（生後6カ月齢以内）に審査を行ない、純粋種として排除すべき著しい不良形質がないものを登録する。また、海外から輸入されたヒツジについても外国登録団体の血統書があるものや、胎内輸入で生産された子羊も種付けを証明する書面があり、畜産技術協会が認めたものについては血糖登録が可能である。

③種めん羊登録：血統登録を受けた生後15カ月齢以上のヒツジについて、審査標準（表6）に基づく体型審査の結果、各部位の付点率が70％以上、総得点が75点以上であり、かつ、父母の繁殖成績に異常を認めないものについて登録ができる。ただし、種めん羊登録は審査標準のあるサフォーク、サウスダウン、ロムニマーシュ、テクセル、ポールドーセット、日本コリデールの6品種に限られる。

登録の申込みと証明書等の発行の流れ登録審査委員

登録申込みと証明書等の発行の流れは図26に示したとおりであるが、登録委託団体（表7）のない都府県では、公益社団法人畜産技術協会に直接申し込むこととなる。また、審査の結果は2名以上の登録審査委員の合議によって決定することとなっているが、具体的には1名の審査委員が登録申込みを行なう農場において書類（登録申込書・登録原簿）および現畜審査を行ない、登録委託団体または

表6　サフォーク種の審査標準

部位	標点	説明
一般外貌	20	大型で，発育のよいもの 体躯は幅広く，長く，深く，充実していて締まり，各部の均称がよく，かつ，移行のよいもの 体質強健で，活気があり，歩様確実なもの 皮膚は軟らかくなめらかで，弾力に富み，色のよいもの
頭·頚	10	頭は幅広く，両耳間が弓形なもの 顔は輪郭鮮明で，やや長く，黒色短毛で覆われているもの 鼻梁は広く，鼻孔は大きく，頬は豊かで顎張りはよく，口は大きくて締まりのよいもの 眼はいきいきとし，耳の付着のよいもの 頚は強く，締まりのよいもの
前躯	10	肩は広く，付着よく，背と水平で肉付きよく，円味を帯びているもの 胸は広く，深く，胸前の充実しているもの
中躯	15	背腰は長く，広く，水平で肉付きのよいもの 肋はよく張り，腹は豊かでゆるくなく，膁はよく充実していて，体下線は背線とほぼ平行なもの
後躯	20	尻は長く，広く，肉付きよく，尾根部へ水平に移行するもの 腿は肉付きよく，下腿まで充実し，特に内腿は厚く豊かなもの
乳器	5	乳房は均等によく発達し，柔軟で弾力があり，乳頭は大きすぎず，位置が正しいもの
肢蹄	10	四肢はやや長く，肢間が広く，まっすぐに立ち，強健で，黒色短毛で覆われ，繋は弾力に富み，蹄は黒色で緻密なもの
羊毛	10	羊毛は頬および後頭部の後端から膝および飛節までの体全体を覆い，品種特有の繊度と長さを備え，部位による差が少なく，均等に密生し，色沢よく，弾力があり，適度の毛脂を有するもの クリンプは均斉鮮明なもの （サフォーク種の羊毛の標準は，繊度：52 ～ 58 番手，毛長：8cm 前後）
計	100	

◎失格事項	◎減点事項
1.　有角	1.　角痕
2.　著しい異色毛	2.　異色刺毛
3.　奇形	3.　不良羊毛

注　減点事項とは，審査に当たって総得点から独立して減点する必要のある事項であり，当該事項の記載された部位の標点からは減点しない

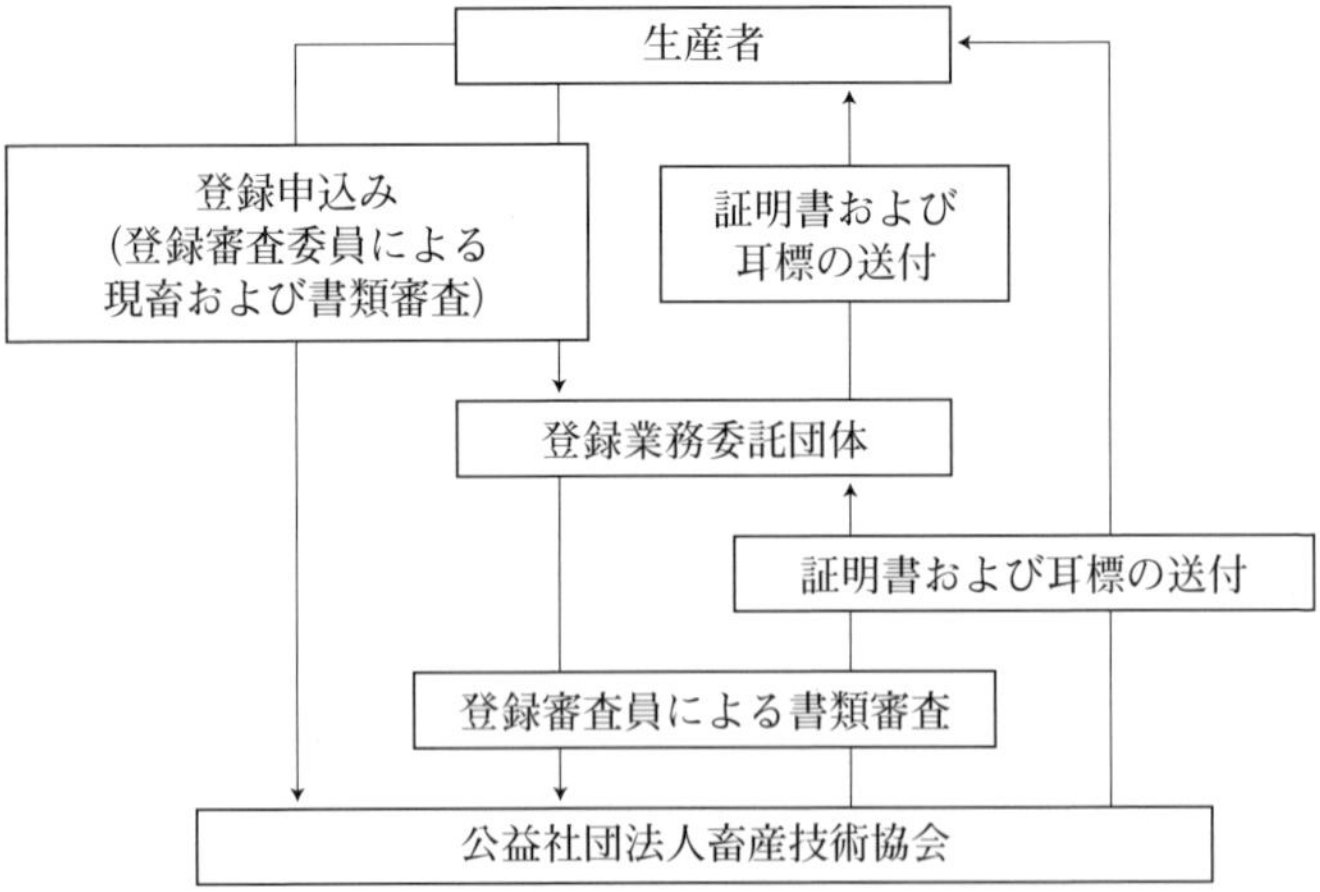

図26　登録申込みと証明書発行の流れ

表7　登録業務委託団体

都道府県	登録業務委託団体の名称
北海道	北海道酪農畜産協会
青森県	全国農業協同組合連合会青森県本部
宮城県	いしのまき農業協同組合
福島県	全国農業協同組合連合会福島県本部
群馬県	群馬県畜産協会
神奈川県	神奈川県肉用牛協会
山梨県	山梨県家畜改良協会
長野県	全国農業協同組合連合会長野県本部
岐阜県	岐阜県畜産協会
愛知県	愛知県緬山羊協会
愛媛県	愛媛県畜産協会
熊本県	熊本県畜産農業協同組合連合会

注　上記に該当しない都府県では，（公社）畜産技術協会に直接申し込む

畜産技術協会の審査委員が審査を行なったうえで、登録証明書および登録耳標が発行される。また、登録耳標は審査を行なった審査委員2名のうちの1名が装着することとなっている。

なお、以前は都道府県以上を区域とする官公署またはめん羊関係団体で5年以上めん羊事業の技術的実務に従事した者でなければ登録審査委員になれなかったが、2014年に登録規定が改正された際に、生産者を含む飼育経験者も畜産技術協会が開催する登録審査に関する研修会を受講すれば登録審査委員の資格を得られることになった。

(2) PrP遺伝子型検査

PrPとはプリオンタンパク質のことであり、その遺伝子型を調べることによって、伝達性海綿状脳症（TSE）のひとつであるスクレイピーに対する感受性（発症しやすい）と抵抗性（発症しにくい）の程度を評価することができる。

全てのタンパク質は多数のアミノ酸が連なって作られており、その順番は遺伝子によって決められている。そして、それぞれのアミノ酸に対応する遺伝子のことをコドンと呼び、コドン136（136番目のアミノ酸を決める遺伝子）とコドン154、171にはスクレイピーの発症に関係するPrP遺伝子のアミノ酸多型が存在している。その中でも、コドン136とコドン171のアミノ酸の種類はスクレイピーの発症に大きく関わっている。

表8　コドン136と171のPrP遺伝子型の組み合わせによるスクレイピー抵抗性と感受性の評価

コドン 136/171 遺伝子型	遺伝子型タイプ	スクレイピー抵抗性と感受性の評価
AR/AR	1	遺伝的に最もスクレイピー抵抗性がある
AR/AQ	2	遺伝的にスクレイピー抵抗性はあるが，繁殖に用いる場合は注意が必要
AQ/AQ	3	遺伝的にスクレイピー抵抗性がほとんどない。繁殖に用いる場合は注意が必要
AR/VQ	4	遺伝的にスクレイピー感受性がある。特別な理由がある場合を除いて繁殖に用いるべきではない
AQ/VQ、VQ/VQ	5	遺伝的に高いスクレイピー感受性があり，繁殖に用いるべきではない

注　イギリス国家スクレイピープラン（NSP：National Scrapie Plan）による

多くのヒツジの品種で一般的に見られるアミノ酸はコドン136がアラニン（A）で、コドン171はグルタミン（Q）であるが、コドン136のアミノ酸がバリン（V）の個体はスクレイピーに対して感受性があり、発症しやすい。一方、コドン171のアミノ酸についてはグルタミン（Q）ではなくアルギニン（R）の場合に抵抗性を示し、発症しにくいことが報告されている。また、コドン171のアミノ酸は、まれにヒスチジン（H）の場合もあるが、抵抗性はないといわれている。このようにPrP遺伝子型を知ることができれば、コドン136にバリン（V）を持つ個体を排除し、コドン171にアルギニン（R）を持つ個体を選んで繁殖に利用することにより、羊群全体のスクレイピー抵抗性を向上させることができる。

これらのＰｒＰ遺伝子型は父方と母方から受け継いだ遺伝子をそれぞれコドン番号の若い順にＡＲ／ＡＱ（コドン１３６・１７１）、またはＡＲＲ／ＡＲＱ（コドン１３６・１５４・１７１）のように表記される。イギリスでは、これらの遺伝子の組み合わせによってスクレイピー抵抗性と感受性の程度を評価し、繁殖を行なう場合の基準としている（表８）。

現在、日本でのＰｒＰ遺伝子型検査は、有限会社ジャパン・ラムが実施できる体制を作っている。

第4章
飼育管理の実際

1　飼育カレンダー

ヒツジは短日性季節繁殖動物であり、雌羊は日照時間が短くなる秋から冬に発情を示し、妊娠すると約5カ月（平均１４７日）後に子羊を分娩する。このため、ヒツジの飼育管理は交配を起点とした季節的な変化がある。図27には交配時期を9～10月に設定した場合の年間管理スケジュールを示した。ただし、雌羊の発情は品種による差はあるものの、妊娠しなければ8月末から2月初旬頃までに約17日の周期で10回程度の発情を繰り返すことから、ラム肉の出荷時期をどのように

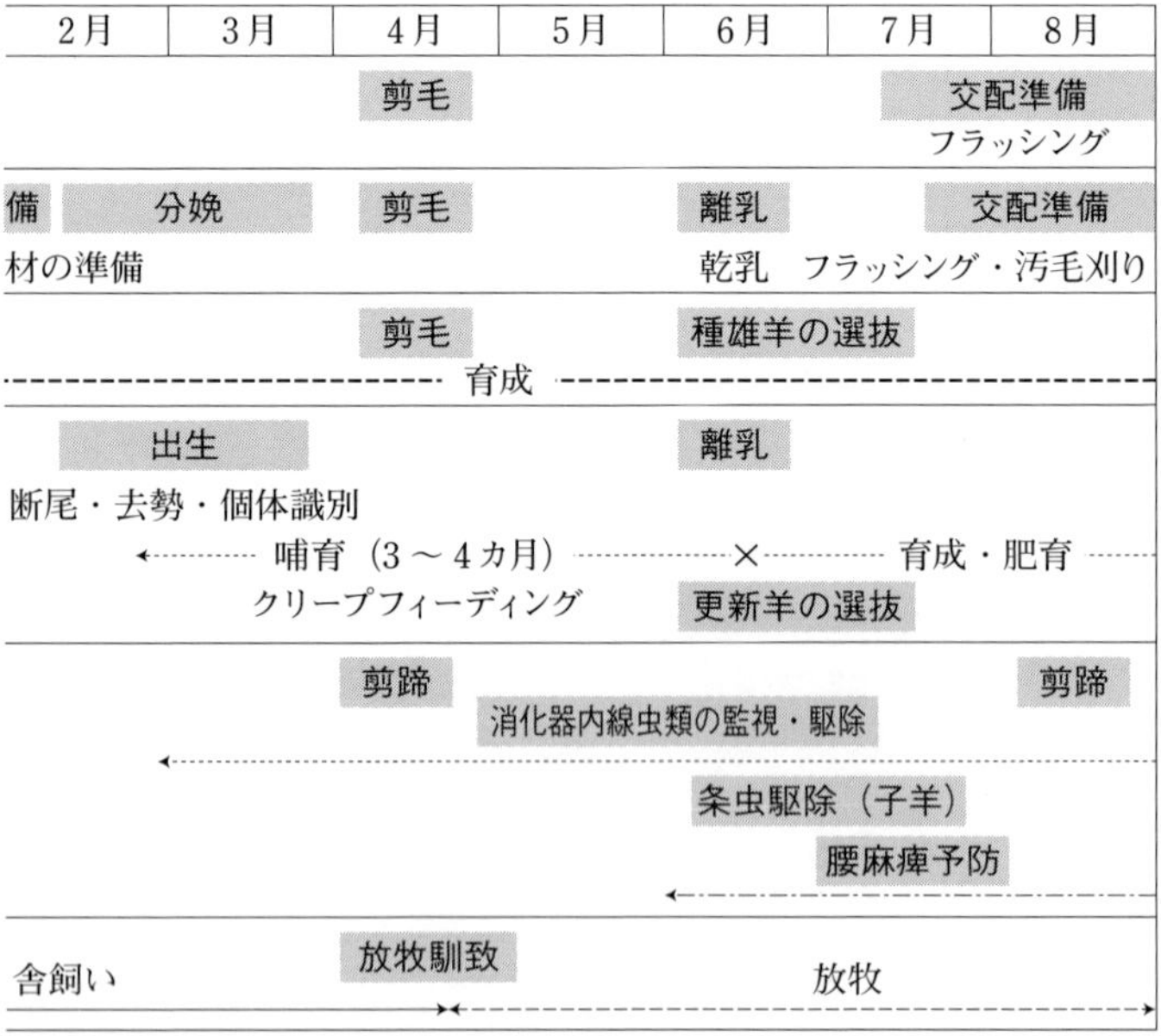

(年間の管理スケジュール)

考えるかによって、交配時期をずらし、あるいは複数回の交配時期を設定することも可能である。

2　飼料給与の基本

(1)　養分要求量の考え方

ヒツジの飼料は常に同じ量を与えていればよいというものではない。ヒツジの養分要求量は現状の体を維持するための維持要求量と発育や母乳生産などの生産活動に必要な養分量および温度の変化や運動量などの環境負荷に対応するための養分量で構成されている(図28)。また、維持養分量は単純に体

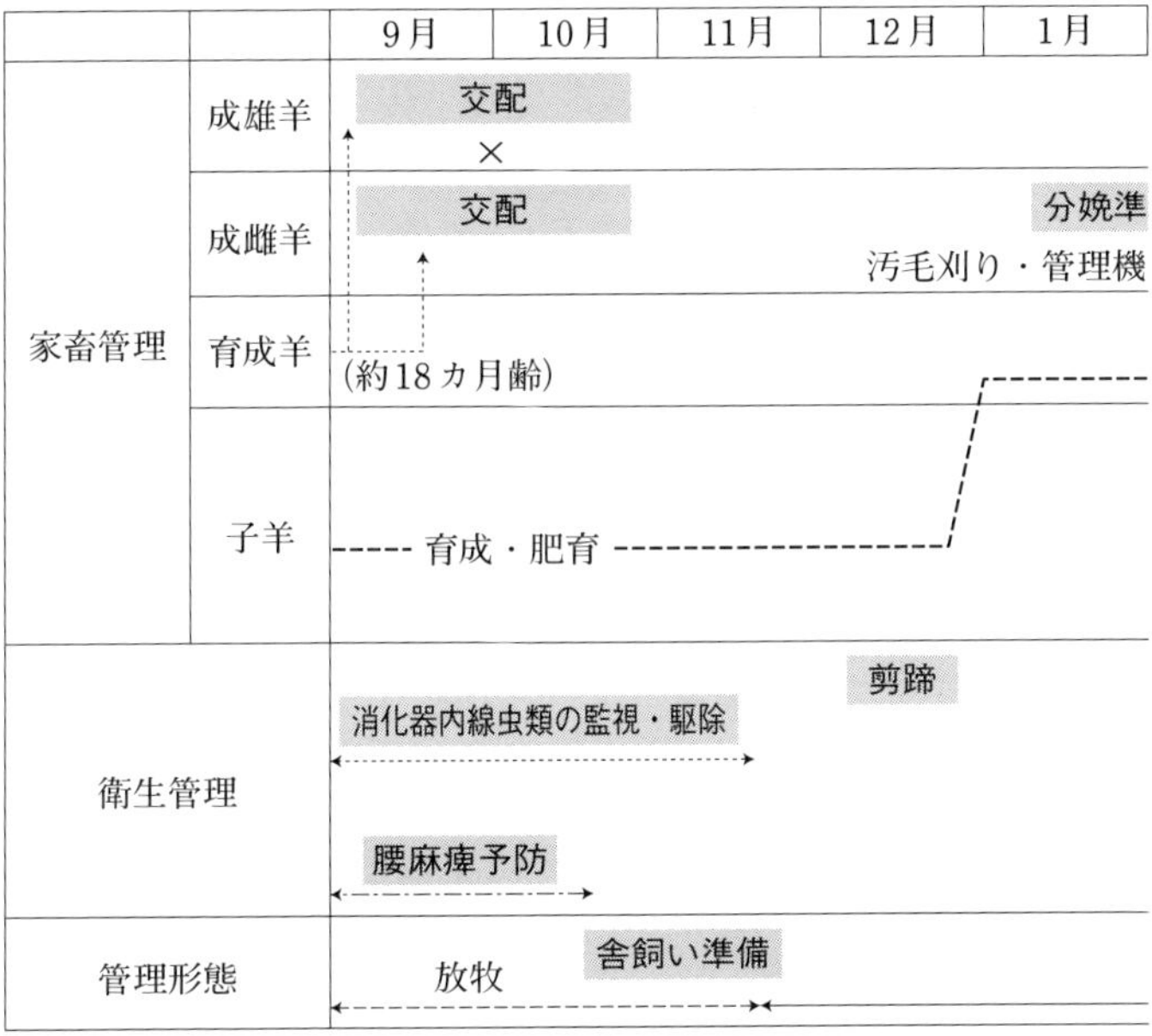

図27　ヒツジ飼育カレンダー

重に比例して増減するわけではなく、そのときの栄養状態によって変わることを覚えておかなくてはならない。

ヒツジの栄養状態は図29～30に示したBCS（ボディーコンディションスコア）により、スコア1・0（痩せすぎ）からスコア5・0（太りすぎ）を0・5刻みで9段階の評価を行なうが、サフォークやポールドーセットのような大型の品種ではスコア1・0の差が体重10kgの増減に相当する（中型品種では7・5kg程度）。このため、体重60kgでスコア2・0のヒツジも体重80kgでスコア4・0のヒツジも、体重70kgでスコア3・0のヒツジと養分要求量は同じということになる（図31）。逆に

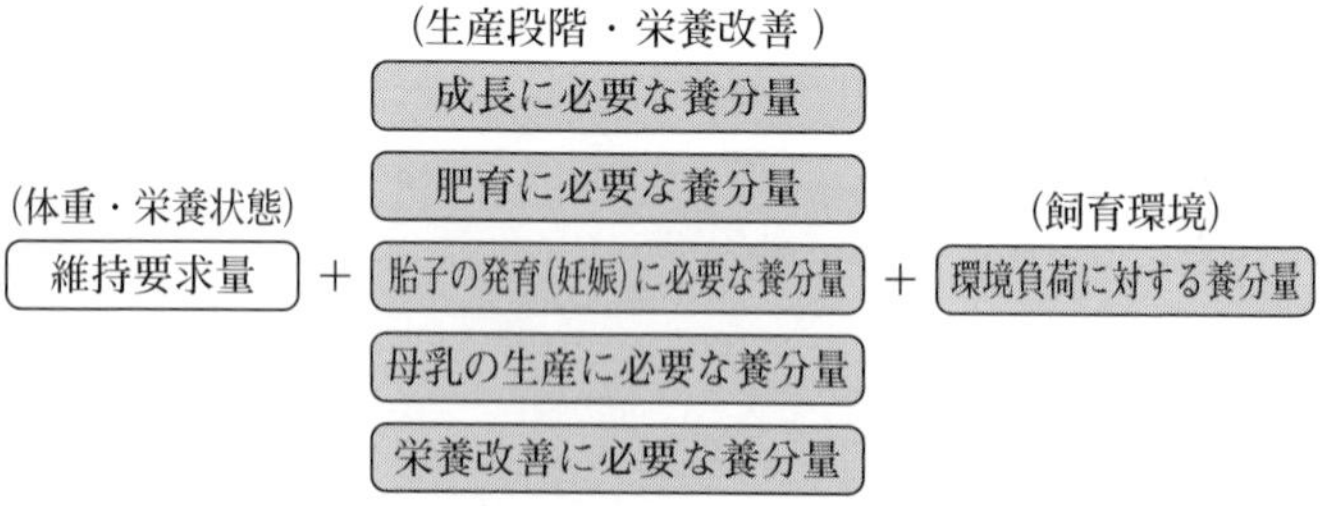

図28　養分要求量の構成

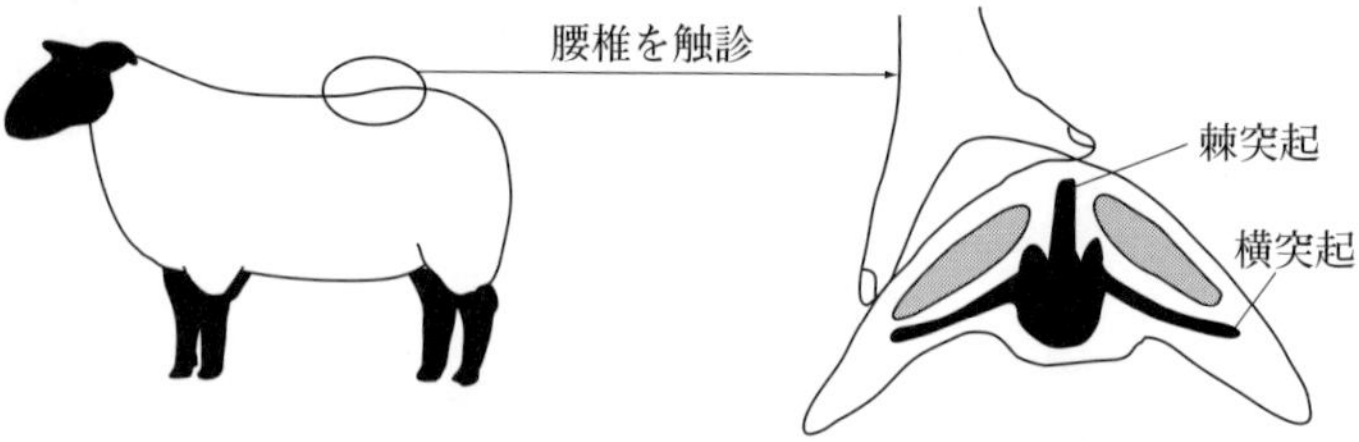

図29　ボディーコンディションスコア（BCS）の検査方法

親指を腰椎の棘突起に置き，横突起の先端を指先で触診する

状態	説明	横突起の感触
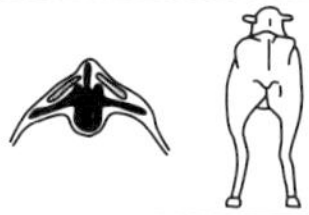	**スコア 1.0（痩せすぎ）** 棘突起は鋭く隆起し，ここの突起が明らかに区別できる。横突起の下に容易に指が入り，突起の先端が指先のように感じる	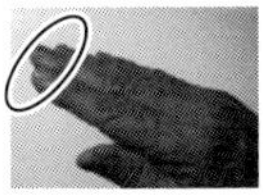
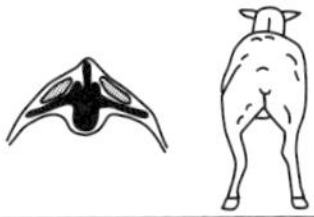	**スコア 2.0（痩せ気味）** 棘突起はなめらかな波形で個々の突起を区別できる。強く押すと横突起の下に指が入る	スコア 2.5 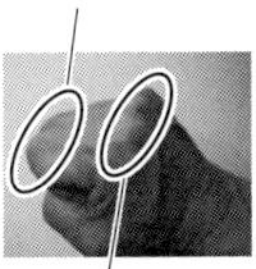 スコア 3.0
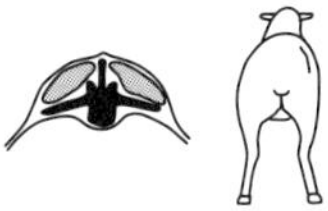	**スコア 3.0（標準）** 背中の筋肉は丸みを帯び，棘突起は強く押すと個々の突起を区別できる。横突起も強く押すと感じることができる	
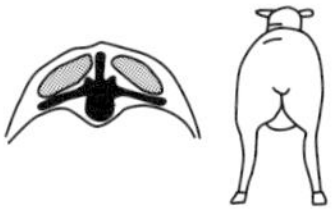	**スコア 4.0（太り気味）** 背中は丸く，脂肪が十分についている。棘突起は連続した線として感じられ，個々の突起を区別できない。横突起も強く押さなければ感じることができない	
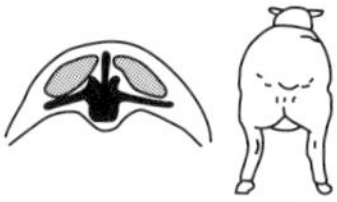	**スコア 5.0（太りすぎ）** 背中は丸く，脂肪が十分についている。棘突起は連続した線として感じられ，個々の突起を区別できない。横突起も強く押さなければ感じることができない	

図30　ボディーコンディションスコア（BCS）の判定

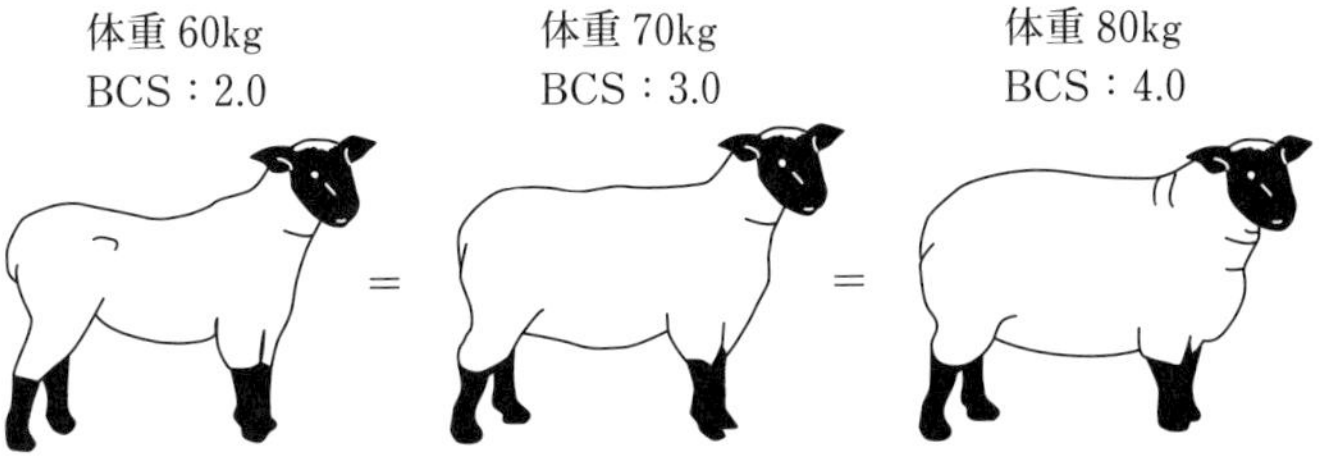

図31　ボディーコンディションスコアと養分要求量の関係

体重60kgでBCS2.0のヒツジと80kgでBCS4.0のヒツジは，70kgでBCS3.0のヒツジと養分要求量は同じ（BCS1の差は体重10kgの増減に相当する）

体重が同じでも痩せているヒツジは標準体型のものよりも養分要求量が多く、太っているヒツジでは少なくなる。

ＢＣＳを正しく評価するためには経験も必要であるが、図30に示したように自分の手の感触と横突起の感触を照らし合わせてみればバラツキなく評価することができるだろう。

(2) 飼料の給与量

各生産段階における1日1頭当たりの飼料給与量の目安を表9に示したが、適切な飼料給与を行なうためには、日本飼養標準（表10）やＮＲＣ飼養標準と日本標準飼料成分表（中央畜産会）を用いて実際に与える飼料の給与量を計算する必要がある。

ただし、飼料計算で求められた給与量はあくまでも参考値であり、それだけを給与すればよいというわけではない。粗飼料の品質にはバラツキがあり養分含量が安定していないことや、食べこぼしなどによる採食ロスがあるため、実際の給与量には安全率を見込んでおかなくてはならない（表11）。また、飼料計算には環境負荷に対する養分量が含まれていないため、不足分を補う必要がある。しかし、環境負荷に対する養分量は不確実なものであるため、ヒツジの体調変化を観察しながら飼料の調整をするとともに、環境の改善も合わせて行なう必要がある。

なお、独立行政法人家畜改良センター十勝牧場では日本飼養標準と日本標準飼料成分表を基に作成

表9　各生産段階における1日1頭当たりの飼料給与量の目安

区分	生産段階	時期または月齢	1頭当たりの飼料給与日量の目安（kg）	
			乾牧草	配合飼料
成雄羊		18カ月齢以上	2.5	0.2
成雌羊	乾乳期	離乳後交配まで	2.0	0.3
	妊娠初期〜中期	交配後15週間	2.0	0.2
	妊娠末期	交配後16〜21週	2.0	0.4
	授乳前期	分娩後8週間	2.5	0.7
	授乳後期	分娩後9〜16週	2.2	0.5
育成雄	育成前期	生後5〜10カ月齢	1.0〜1.5	0.5
	育成後期	生後11〜18カ月齢	2.0	0.3
育成雌	育成前期	生後5〜10カ月齢	0.8〜1.3	0.4
	育成後期	生後11〜18カ月齢	1.8	0.3
子羊	哺育前期	生後0〜2カ月齢	0.2〜0.4	0.1〜0.4
	哺育後期	生後3〜4カ月齢	0.5〜0.8	0.5〜0.7
肥育子羊		生後5カ月以上	0.8〜1.3	0.8〜1.2

した飼料計算ソフト（Excel版）を希望者に配布しており、これを利用すれば簡単に飼料計算を行なうことができるので、計算方法についての詳しい説明は避けるが、以下に飼料計算に用いる用語について説明しておく。

(3) 飼料計算に用いる用語

①1日増体量（DG）：1日当たりの体重の変化。通常は体重が増えることをいうが、交配中の雄羊や授乳中の雌羊はエネルギー消費量が摂取量

双胎羊							
60	− 0.12	2.25	3.8	347	1.49	9.0	6.8
70	− 0.12	2.36	3.4	356	1.56	9.2	7.2
80	− 0.12	2.46	3.1	365	1.63	9.3	7.6
90	− 0.12	2.57	2.9	374	1.69	9.4	8.1

〈成雌羊の授乳後期 8 週間に要する 1 日当たり養分量〉

単胎羊							
60	0	1.44	2.4	174	0.95	4.6	4.0
70	0	1.54	2.2	183	1.02	4.8	4.4
80	0	1.65	2.1	192	1.09	4.9	4.8
90	0	1.75	1.9	200	1.15	5.1	5.3
双胎羊							
60	0	1.75	2.9	226	1.16	6.5	4.8
70	0	1.86	2.7	235	1.23	6.7	5.2
80	0	1.96	2.5	244	1.30	6.8	5.6
90	0	2.07	2.3	253	1.36	7.0	6.1

〈成雌羊の回復期（乾乳期）に要する 1 日当たり養分量〉

60	0.05	1.25	2.1	112	0.75	3.6	2.5
70	0.05	1.37	2.0	121	0.82	3.8	2.8
80	0.05	1.49	1.9	131	0.89	4.0	3.1

〈雌子羊の肥育に要する 1 日当たり養分量〉

30	0.18	1.12	3.8	127	0.87	4.4	2.3
40	0.18	1.25	3.1	125	0.96	4.5	2.6
50	0.18	1.36	2.7	123	1.05	4.7	2.8

〈雄羊の育成に要する 1 日当たり養分量〉

40	0.14	1.47	3.7	141	0.88	4.1	2.2
50	0.14	1.73	3.5	152	1.04	4.4	2.5
60	0.14	1.99	3.3	163	1.19	4.8	2.8
70	0.12	2.07	3.0	162	1.24	4.5	2.9
80	0.12	2.28	2.9	172	1.37	4.8	3.2

〈雄子羊の肥育に要する 1 日当たり養分量〉

30	0.25	1.12	3.7	155	0.86	5.6	2.8
40	0.25	1.32	3.3	156	1.01	5.8	3.1
50	0.25	1.51	3.0	157	1.16	6.0	3.4

表10　日本飼養標準（めん羊）1996年版

体重 (kg)	1日増体量 DG (kg)	乾物量 DM (kg)	乾物量 体重% (LW%)	粗タンパク質 CP (g)	可消化養分総量 TDN (kg)	カルシウム Ca (g)	リン P (g)
〈哺乳子羊が必要とする1日当たり養分量〉							
10	0.35	0.45	4.5	86	0.43	6.4	3.0
20	0.25	0.71	3.5	92	0.56	5.1	2.5
30	0.15	0.96	3.2	98	0.69	3.7	2.0
〈雌羊の育成に要する1日当たり養分量〉							
40	0.08	1.24	3.1	108	0.74	2.8	1.8
50	0.08	1.46	2.9	119	0.88	3.1	2.1
60	0.08	1.68	2.8	130	1.01	3.4	2.3
〈成雌羊の妊娠初期から中期の15週間に要する1日当たり養分量〉							
60	0.06	1.03	1.7	101	0.68	3.4	2.6
70	0.06	1.13	1.6	110	0.75	3.6	2.9
80	0.06	1.24	1.5	119	0.82	3.8	3.2
90	0.06	1.34	1.5	128	0.88	4.0	3.6
〈成雌羊の妊娠末期6週間に要する1日当たり養分量〉							
単胎羊							
60	0.14	1.19	2.0	130	0.78	5.4	4.0
70	0.14	1.30	1.9	139	0.86	5.6	4.4
80	0.14	1.40	1.8	148	0.92	5.7	4.8
90	0.14	1.50	1.7	156	0.99	5.9	5.3
双胎羊							
60	0.22	1.37	2.3	170	0.90	7.7	4.8
70	0.22	1.48	2.1	179	0.97	7.9	5.2
80	0.22	1.58	2.0	188	1.04	8.0	5.6
90	0.22	1.68	1.9	196	1.11	8.2	6.1
〈成雌羊の授乳前期8週間に要する1日当たり養分量〉							
単胎羊							
60	－0.07	1.92	3.2	276	1.27	6.7	5.5
70	－0.07	2.03	2.9	285	1.34	6.9	5.9
80	－0.07	2.13	2.7	294	1.41	7.0	6.4
90	－0.07	2.23	2.5	302	1.47	7.1	6.8

表11　飼料の養分変動および採食ロスに対する安全率

飼料の種類	養分変動に対する安全率	採食ロスに対する安全率	合計安全率
生草・青刈作物	5～10％	0～ 5％	5～15％
サイレージ	5～20％	0～ 5％	5～25％
乾牧草	0～ 5％	5～10％	5～15％
ワラ	0～ 5％	10～20％	10～25％

を上回るため、体重は減少する。

②乾物量（ＤＭ）：飼料中の水分を差し引いた固形物の重量であり、ヒツジの採食量を表わす。

③粗タンパク質（ＣＰ）：飼料中に含まれるタンパク質および非タンパク態窒素化合物のことをいう。反芻動物は尿酸などの非タンパク態窒素化合物をタンパク源としているので、飼料計算では純タンパク質ではなく粗タンパク質が用いられる。

④可消化養分総量（ＴＤＮ）：飼料に含まれるエネルギー単位のひとつ。エネルギーの単位としてはＴＤＮ以外にＤＥ（可消化エネルギー）やＭＥ（代謝エネルギー）があり、１kgＴＤＮは４・４ＭｃａｌＤＥに相当し、ＭＥはＤＥの82％に相当する。

⑤カルシウム（Ｃａ）とリン（Ｐ）：体内に存在するミネラルの70％を占め、その大部分は骨や歯の構成成分である。飼料中のＣａとＰの比率は１・５：１から２：１が理想的であるが、日本国内の牧草はＰ含量がヒツジの要求量より少ないものが多く、Ｐは最も不足しやすいミネラルであるため注意が必要である。

(4)　飼料の分類とその特徴

栄養価による飼料の分類

ヒツジに与える飼料はその栄養価によって、粗飼料、濃厚飼料および特殊飼料の３種類に大別できる。

粗飼料は容積が大きく、粗繊維含量が多く、可消化養分量が少ないものをいい、乾牧草やワラ類、マメ殻など水分含量が少ないものと、水分含量が多い生草類や青刈作物、サイレージ、根菜類などがある。濃厚飼料は容積が小さく、粗繊維含量が少なく、可消化養分量が多いものであり、穀類やマメ類、ぬか類、油粕類などと、これらを混合した濃厚飼料のことをいう。また、特殊飼料は粗飼料にも濃厚飼料にも属さないミネラルやビタミンなどの飼料添加物のことをいう。

飼料の特徴

①牧草：牧草にはイネ科牧草とマメ科牧草があり、イネ科牧草は出穂前は非常に栄養価が高いが、成長するにつれて粗繊維含量が多くなり、栄養価は低下する。代表的なイネ科牧草としては、オーチャード、チモシー、イタリアンライグラス、ペレニアルライグラスなどがある。

マメ科牧草にはシロクローバーやアカクローバー、アルファルファ（ルーサン）などがあり、イネ科牧草に比べて、粗タンパク質、カルシウム、ビタミンAを多く含む。一般的にイネ科牧草との混播で栽培されることが多い。

②青刈作物：トウモロコシやイネ、ムギ類など、穀実の利用を目的とする作物を実が熟す前に刈り取って、生草やサイレージとして利用するものであり、ミネラルやビタミンを多く含む。

③根菜類：ダイコン、ニンジン、ゴボウ、ジャガイモなどの根菜は、生のままでは水分が多く、繊維質の少ない多汁質の粗飼料であるが、乾燥させたものにはデンプンや糖分などの可消化養分量が多く含まれているため、濃厚飼料の一部として利用できる。ただし、ジャガイモの芽には毒性のあるソラニンが含まれているため、給与に当たっては注意が必要である。

④乾牧草とサイレージ：牧草や青刈作物などを冬期間に利用するためには乾牧草やサイレージに調製しなければならない。乾牧草は水分を15％以下に調整したものであり、良質のものは栄養価が高く嗜好性もよいが、水分の調整が不十分な場合にはカビが発生し、貯蔵中に熱を帯びて発火することもある。また、乾燥の途中で雨に当たると牧草に含まれる栄養分が低下し、飼料としての価値も低下する。

サイレージは牧草や青刈作物などを細断、踏厚、密封し、嫌気条件で乳酸発酵させたものである。調製の段階で天候に左右されることが少ないため、乾牧草に比べて品質は安定しているが、開封後は空気に触れて2次発酵が始まり品質が低下するため、できるだけ短期間で採食させなければならない。

⑤ワラ類：ワラやマメ殻もヒツジの飼料として利用できるが、栄養価が低く嗜好性もあまりよくないため、乾牧草やサイレージなどと組み合わせて利用すべきである。

⑥穀類：トウモロコシやオオムギ、コムギなど、配合飼料の主体となる飼料である。成分としてはデンプン含量が多く、粗繊維分が少ない。
⑦豆類：ダイズやエンドウ、インゲンなどがあるが、特にダイズはタンパク質の含量が多くヒツジの飼料として多用されている。ただし、生のダイズにはタンパク分解酵素の働きを抑制する物質が含まれているため、加熱されたものを与えた方がよい。
⑧ぬか類：玄米やコムギなどを精白した際に出る米ぬかやフスマなどがある。穀類に比べてデンプン含量は少ないが、粗繊維、リン、ビタミンB群を多く含む。
⑨油粕類：大豆粕やナタネ粕、アマニ粕などがあるが、大豆粕はタンパク質含量が多く、嗜好性もよいので、油粕の中では最も多く利用されている飼料のひとつである。なお、落花生粕も家畜用飼料として販売されているが、飼料安全法により、ヒツジには落花生由来の飼料を与えてはならないことになっている。
⑩製造粕類：油粕やぬか類以外の農産副産物で、ビートパルプ、ビール粕、トウフ粕などがこれに当たる。原料によって栄養価はまちまちであるが、安価なものが多いので、利用できるものがあれば飼料費の節減にもつながる。
⑪配合飼料：配合飼料は複数の飼料原料を混合して栄養成分を目的に応じて調整した飼料である。北海道では「ラム肥育76」という配合飼料がホクレンで販売されているが、これは肥育を目的としてT

ＤＮ76％、ＣＰ13％に調整された飼料であり、肥育以外のヒツジに用いる場合には他の飼料と組み合わせて、その目的に応じた養分調整が必要となる。

3　交配と妊娠期の管理

(1) 交配と交配の準備

交配の方法

ヒツジの繁殖方法は雌の群れ（通常は20～40頭）の中に1頭の種雄羊を同居させる自然交配が一般的である。雌羊の頭数が40頭程度で1・5カ月の交配期間を設けることで、通常は90％以上の受胎率が得られる。雌羊の頭数が少なければさらに高い受胎率が期待できるが、受胎率は雄羊と雌羊の栄養状態に大きく左右されるため、交配に備えて十分に体調を整えておくことが大切である。

また、その他の繁殖方法として人工授精技術もあり、ノルウェーでは凍結精液を用いた簡易な膣深部人工授精（写真27）で60～70％の受胎率が報告されているが、この非常に高い受胎率はノルウェー特有の品種によるところが大きいと考えられる。ニュージーランドやオーストラリアにおいても簡易法では受胎率が低いため、腹腔内視鏡を用いて子宮内に直接精液を注入する子宮内人工授精（写真

28）が行なわれている。

日本国内においては独立行政法人家畜改良センター十勝牧場が簡易人工授精技術の開発に取り組んでおり、受胎率も向上しつつあるが、安定した成績が得られるまでには至っていない。

種雄羊の管理

交配に用いる種雄羊は、少なくとも交配の２カ月前に選抜しておくことが理想的である。

自然交配で受胎率を向上させるためには、活力のある精子を生産しておかなければならないが、精子の生産には約７週間を要することが知られている。このため、交配の７〜８週間前から暑熱ストレスを避けて栄養改善（フラッシング）を行ない、造精機能を十分に高めておくとともに、交配開始時のＢＣＳが３・５になるよう体調を整えて

写真27　ノルウェーで行なわれている腟深部人工授精

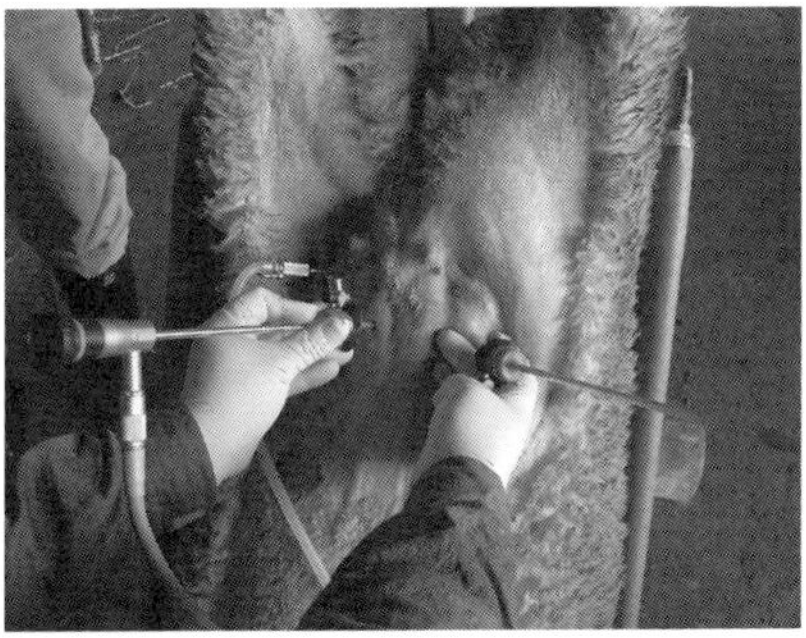

写真28　腹腔内視鏡を用いた子宮内人工授精

おくことが大切である。

雄羊は年間を通してBCSを3・0～3・5に保つことが推奨されているが、交配2カ月前の時点でスコア3・0の場合には8週間で5・0kg、1日当たり0・09kgの増体を見込む必要がある。これをTDNに換算すると1日当たり0・26kgを増量することとなり、トウモロコシでは330gに相当する。

種雄羊は約1・5カ月間の交配期間中に多数の雌羊への交尾によってエネルギーを消費し、交配終了時には体重が10kg以上減少することもある。つまり、BCSが1・0低下するということであり、もしもBCS3・0以下で交配に望んだ場合には交配期の後半まで体力を温存できず、受胎率の低下を招くこととなる。したがって、交配期間中においても種雄羊の栄養状態が低下しないよう、補助飼料を給与するなどの対策も必要である。

なお、交配時には種雄羊にマーキングハーネスを装着し、2週間ごとに異なる色のクレヨンと交換することで、雌羊に交配した日を確認することができ、個体ごとの分娩予定日が把握できる。マーキングハーネスとは種雄羊の胸にクレヨンを取りつける器具のことである（写真29）。

写真29　マーキングハーネスを装着した種雄羊（右）とマーキングされた雌羊（左）

雌羊の管理

経産の雌羊は子羊への授乳のため、離乳時にはかなり栄養状態が低下しているはずである。BCSとしては2・0〜2・5、あるいはそれ以下かもしれない。次の交配に向けて速やかに栄養改善を行なう必要があるが、その前に乾乳が完了しているか、乳房炎などの異常がないかを確認するとともに、年齢や前産の分娩状況、子羊の発育成績などの記録を基に交配に供用するものと、マトンとして肥育または淘汰するものとに区分する。

交配に用いる雌羊に対しては、交配開始までにBCSが3・0になるように栄養改善を行なう。交配時の栄養状態は受胎率や産子率に大きく影響しており、栄養状態が低下していると排卵数が少なくなり、受胎率も産子率も低下することが知られている。また逆に栄養過多の雌羊では排卵数は増加するが、子宮内での胚の着床障害が起こりやすく、繁殖成績も低下する。

日本飼養標準では、離乳から交配までの15週間の1日当たり平均増体量を0・05kgとして養分要求量を算出しているが、これは離乳時のBCSを2・5と想定した計算であり、スコアが2・0の場合は1日当たり0・1kg、スコア1・5の場合には0・15kgの増体量を見込む必要がある。つまり、離乳時のBCSが2・5の場合には表10に記載されている「成雌羊の回復期（乾乳期）に要する1日当たり養分量」を適用できるが、スコア2・0の場合には、さらに0・05kgの増体に必要な養分量（TDN：0・175kg、CP：7・2g）を、スコア1・5の場合には0・1kgの増体に必要な養分量（TDN：

0・35kg、CP：14・2g）を加えなければならないということである。また、交配までに十分に栄養改善ができない場合（BCS2・5未満）には、フラッシングを行なう必要がある。フラッシングとは、配合飼料の増給などにより短期的に栄養改善を図る給餌法のことをいい、交配の2週間から交配期の2～4週目頃まで実施する。

なお、交配後の30日間は受胎を成立させるための重要な時期であるため、交配開始から交配終了後1カ月間程度は雌羊に過度な運動をさせるべきではない。したがって、剪蹄（蹄切り）や内部寄生虫駆除などの作業は交配前に済ませておくべきである。また、陰部周辺の羊毛が糞尿で汚れ、羊毛が陰部を覆っているような雌羊については汚毛刈りを行なっておく必要がある（図32）。これは、交尾の際に雄羊の陰茎が汚れて雌羊の膣内を汚染することを防ぐためである。

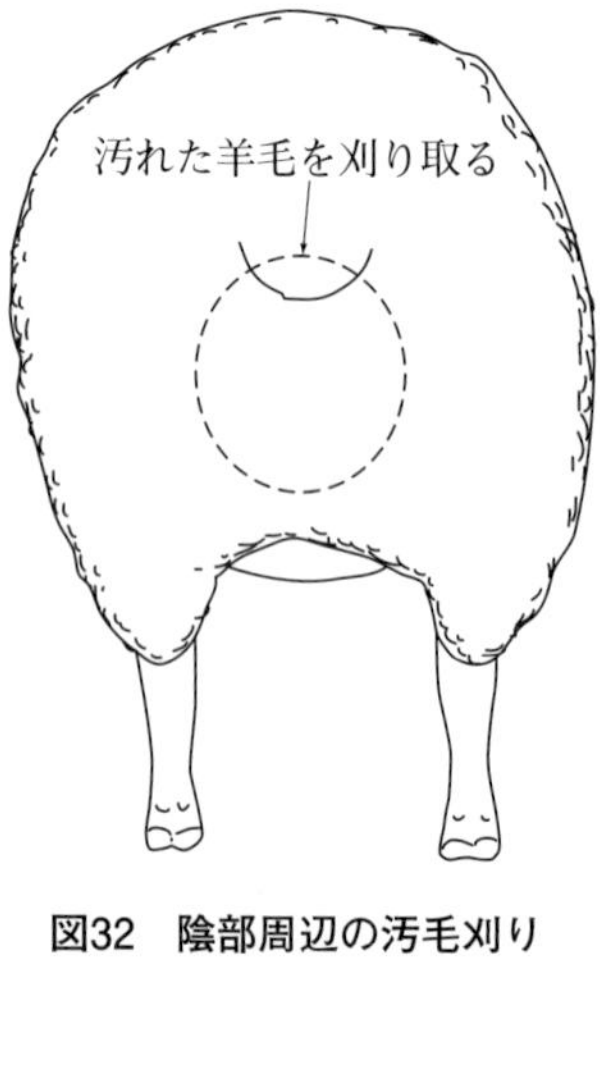

図32　陰部周辺の汚毛刈り

妊娠診断

ヒツジはウシのように直腸検査を行なうことができないため、交配期間終了後に雄羊を同居させて再発情の有無を確認するNR（ノン・リターン）法が一般的である。しかし、この方法では確実に妊否を判断することはできない。

最も迅速かつ確実に妊娠診断を行なう方法としては超音波画像診断法があり、交配後45～60日齢でほぼ確実に妊娠診断ができ、技術を磨けば胎子数の診断も可能である。

（2）妊娠期の管理

妊娠前期から中期15週間の管理

ヒツジの妊娠期間は21週（１４７日）であるが、栄養管理の妊娠前期・中期15週間と妊娠末期６週間に分けられる。図33には妊娠期間中における胎盤・胎子および乳腺の発達状況を示したが、胚の着床が完了する妊娠30日齢頃から胎盤のみが先行して発達するが、胎子は妊娠１００日齢を超える頃から急速に発育し、乳腺の発達も１２０日齢以降であることが分かる。したがって、妊娠前期から中期15週間は胎子に対する栄養補給の必要はなく、妊娠雌羊のＢＣＳを３・０に保つことに専念すればよい。

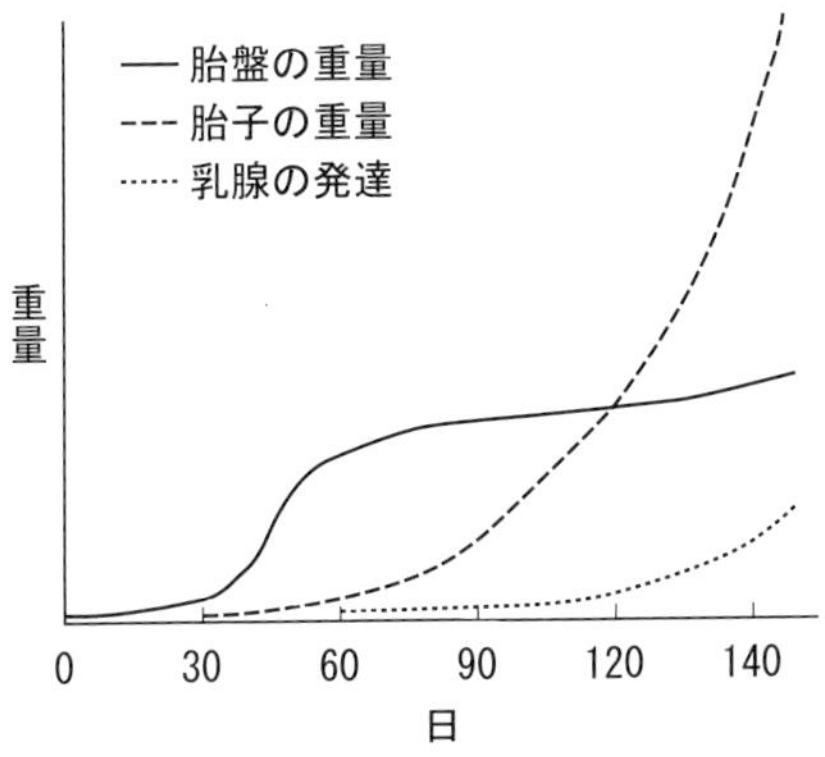

図33　妊娠期間中における胎盤・胎子および乳腺の発達（Kott, 1998）

妊娠末期6週間の管理

妊娠末期6週間は胎子の急速な発育と乳腺の発達に伴って養分要求量が増加するが、加えて、この時期には妊娠雌羊の栄養状態をさらに向上させ、BCSを分娩時までに3・5に調整することが望まれる。なぜなら、分娩後の雌羊は子羊への授乳のために多くのエネルギーを消費し、体重が減少するからである。

日本飼養標準では離乳時までに減少する体重を4～6kgと想定しているが、実際には10kg以上減少することもある。つまり分娩時のBCSが3・0の場合には離乳時のBCSが2・0を下回る可能性があるということである。離乳時におけるBCSを理想的な2・5に留めるためには、分娩時の栄養状態をややオーバーコンディションにしておくことが望まれる（図34）。

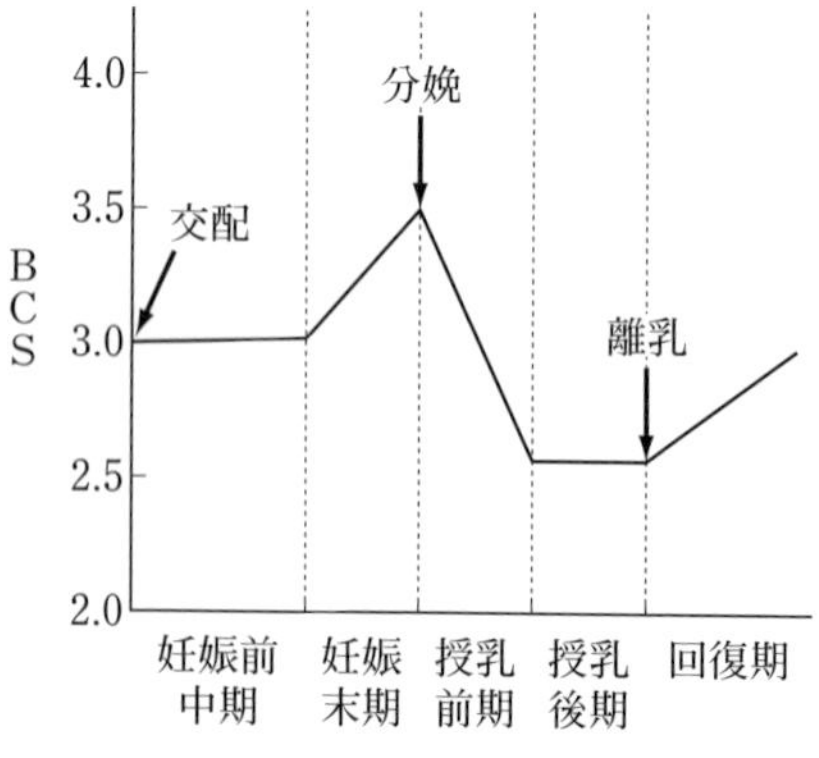

図34　雌羊の各生産段階におけるボディーコンディションスコア（BCS）の推奨値

妊娠末期のBCSが4・0を超えると難産の危険性があるため、雌羊の状態を確認しながら慎重に飼料給与を行なう必要があるが、この時期の雌羊の栄養管理は雌羊の健康と、生まれてくる子羊の活力やその後の発育に大きく影響する。もしも雌羊の栄養状態が悪ければ、生まれてくる子羊の体は小さく活力もないうえに、栄養価の低い母乳を少量しか与えることができないだろう。

妊娠末期６週間にほんの少し飼料を増給することは非常に大きな意味があり、それにかかる経費も、離乳後に痩せた雌羊の栄養改善を行なうことに比べれば、はるかに少ないはずである。

栄養管理以外の留意点としては、妊娠末期は通常舎飼い期に当たるため、妊娠羊の健康管理対策として、パドックなどで自由に日光浴や運動ができるようにしておくことが望まれる。

また、飼料給与に当たっては、胎子の発育とともに雌羊の腹囲も大きくなることを考慮し、飼料給与の際に腹部が圧迫されないように十分な飼槽の幅を確保する必要がある。妊娠末期における１頭当たりの飼槽の幅は60㎝が目安である。

なお、超音波画像診断などで単子または双子妊娠が判明している場合は、それぞれの養分要求量が異なるため、両者を別飼いとして適正な栄養管理を行なう必要がある。もしも胎子数が不明な場合には雌羊の栄養状態によって群分けを行なうとよい。

4　分娩

(1)　分娩の準備

妊娠羊の汚毛刈り

分娩の１カ月前頃になれば、妊娠羊の陰部周辺および乳房周辺の汚毛を刈り取っておく。この作業の目的は、分娩兆候の観察を容易にし、清潔に分娩させることと、生まれたばかりの子羊に乳頭を探り当てやすくするためである。また、品種によっては顔面が羊毛で覆われて視界の妨げになっていることがあるため、子羊の世話をしやすいように眼の周辺の羊毛を刈り取っておくとよい（図35）。

施設および器具類等の準備

羊舎は敷ワラを交換し、分娩時に使用する分娩柵やクリープ柵、単房で使用する飼槽なども洗浄消毒のうえ、いつでも使えるように準備しておく。また、分娩の際に必要な器具や薬品類、分娩の状況を記録するための分娩記録簿なども忘れずに用意しておく（表12）。

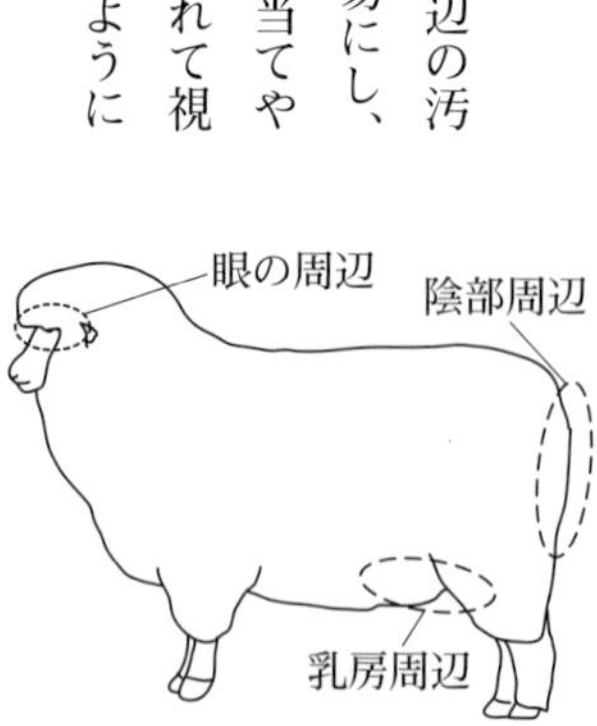

図35　妊娠羊の汚毛刈り

表12　分娩に備えて用意しておく物品とその用途

物品名	用途
リテイナー（膣脱防止器具）	膣脱防止
石鹸，消毒薬（オスバン），直腸検査用手袋，バケツ，産道潤滑剤，ロープ（太さ5mm），タオル，ヨードチンキ（臍帯消毒用），人工呼吸器など	難産介助（助産）
体温計，保温箱，胃チューブ，注射器，ブドウ糖	虚弱子羊の介護
哺乳ビン，代用乳（子羊用）	人工哺乳
カラースプレー，識別バンド，耳標	個体識別
浣腸器	便秘
断尾器，去勢器	断尾，去勢
バネ秤，分娩記録簿	体重測定，分娩記録

なお、分娩期から哺育期にかけては図9（羊舎の構造の項）に示したとおり、羊舎内部のレイアウトが大きく変化するが、クリープスペースについては分娩前に予め場所を確保し、クリープフィーディングを開始するまで清浄性を維持しておくことが望ましい。

クリープフィーディングとは哺育期間中の子羊に固形飼料を給与する給餌法のことをいい、子羊への固形飼料の馴致と反芻胃の発達促進および授乳後期における母乳量の低下に伴う栄養補給を目的として行なう。

(2) 分娩の実際

分娩の兆候

分娩の2週間前頃には腹囲もかなり大きくなり、腹部を眺めていると時々胎子が動く様子が外見から

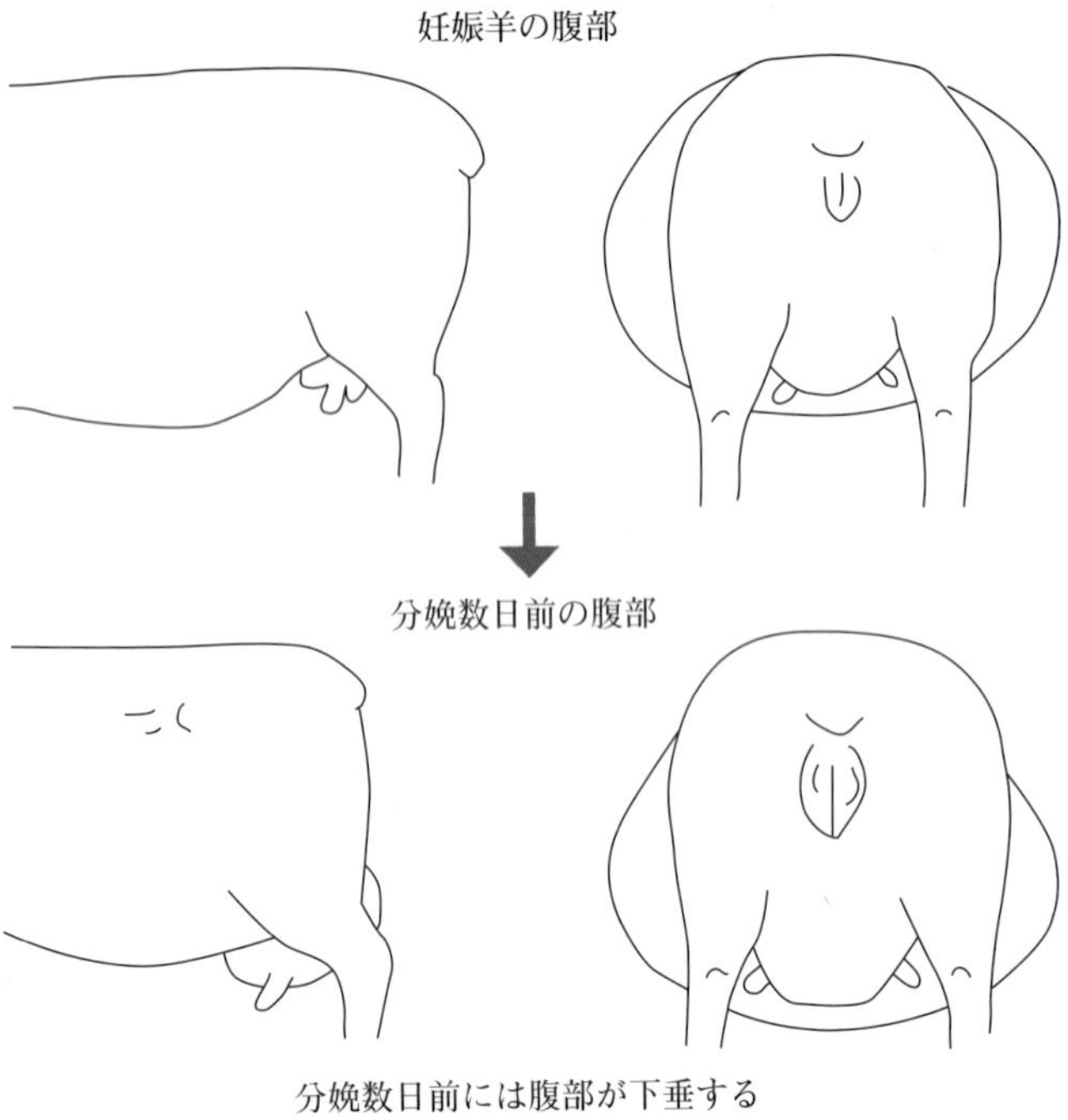

図36　分娩数日前の腹部の変化

も分かるようになる。そして、数日前には図36のように腹部が下垂し、陰部は光沢を帯びて赤く腫れ、乳房も著しく張ってくる。

さらに、分娩直前になると食欲が低下して呼吸が速くなり、群れから離れて落ち着きなく歩き回り、前肢で敷ワラを掘り返すような行動が見られる。その後、寝たり起きたりを繰り返すうちに破水し、分娩が始まる。

正常分娩の経過

雌羊の行動に前述のような行動の変化が見られれば陣痛

写真30　第1次破水（尿膜破裂）

写真31　第2次破水（羊膜破裂）

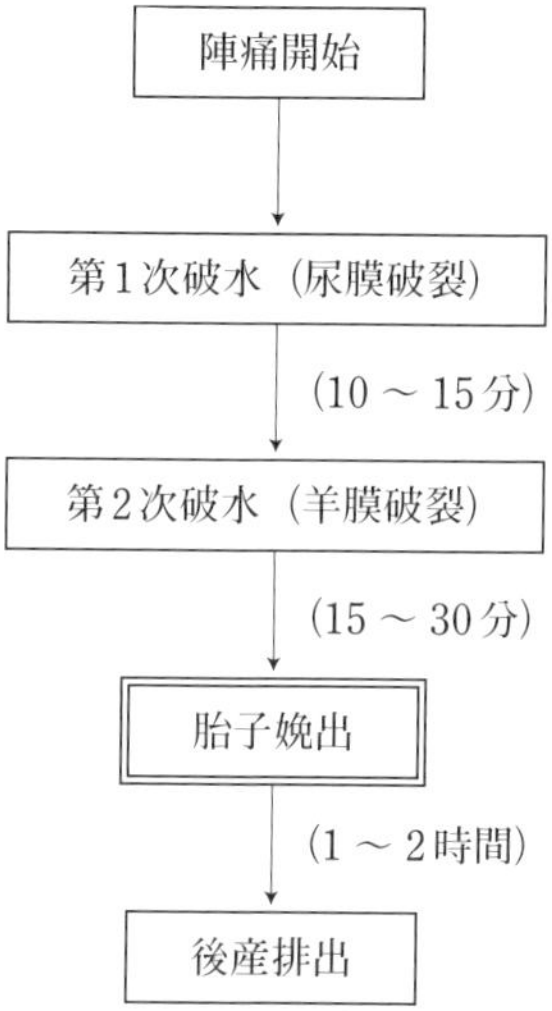

図37　正常分娩の経過

の開始である。正常分娩の経過は図37に示したように、陣痛開始からしばらくして赤褐色の液が詰まった尿膜のうが現われ、第1次破水が起こる（写真30）。その後10～15分で胎子を包む羊膜のうが破れて羊水が流れ出す。これが第2次破水である（写真31）。産道が羊水で潤うといよいよ胎子の娩出であるが、このとき胎子は両方の前肢を揃えてその上に頭を乗せた姿勢で産道に進入するため、蹄は下を向いている（図38）。そして数回の強い陣痛が雌羊を襲い、胎子が娩出される（写真32）。胎子の娩出に要する時間は第2次破水後15～30分程度であるが、それ以

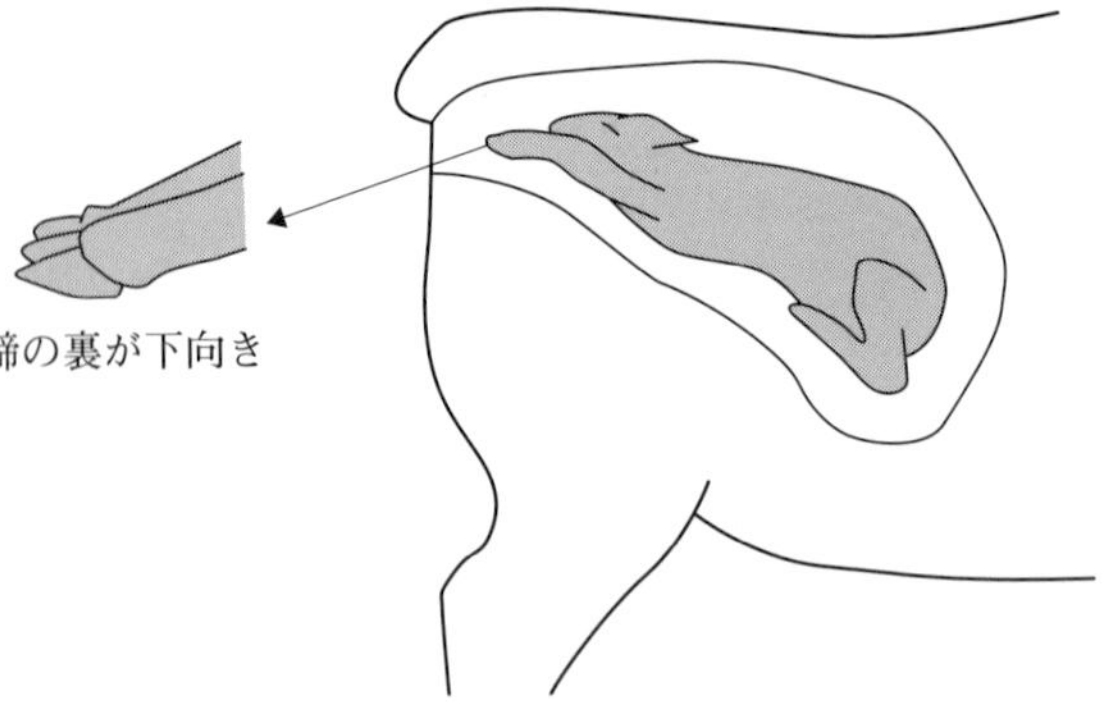

図38　正常な胎子の姿勢

上時間がかかるようであれば、助産を行なう必要がある。

娩出が終わると雌羊は立ち上がり、羊水で濡れた子羊の体を舐めて乾かすが、この行動は子羊の血行をよくするマッサージの効果もあるほか、雌羊の母性を呼び覚ます重要な行動である（写真33）。この行動が見られない場合や、助産で人為的にそれをやらせなかった場合には育児を放棄する可能性が高くなる。

写真32　胎子娩出時の強い陣痛

写真33　胎子娩出後の羊水の舐め取り

なお、双子を妊娠している場合には、第1子を娩出後に再び陣痛が襲い、第2子を娩出する。第2子の娩出にかかる時間は第1子に比べて短いことが多いが、その間に第1子が母羊からはぐれて、母羊が第2子の世話に夢中になって放置されてしまうこともあるので、注意が必要である。

後産は全ての胎子を娩出後、1～2時間後、遅くとも4～5時間後には排出されるが、胎盤の一部または全部が子宮内に残ると子宮内膜炎や産褥熱の原因となるため、必ず後産を確認し、排出されていなければホルモン処置などの処置が必要となる。

難産介助

雌羊が自力で胎子を娩出できない場合は、助産が必要となる。難産の原因としては胎子の体位異常のほか、多胎や過大胎子、胎子の奇形、あるいは産道狭窄や陣痛の異常などがある。原因やその状況によってはホルモン投与や帝王切開など、獣医師に依頼しなければならないこともあるが、飼育者自身で対応しなければならない場面もあるため、ここでは難産の原因として最も多い胎子の体位異常における助産の方法について述べることとする。

まず、助産を行なうタイミングであるが、第1次破水から1時間、第2次破水から30分以上経過しても胎子が娩出されない場合は何らかの原因があると判断し、助産を行なう必要がある。

助産を行なうためには、胎子がどのような状態にあるのかを確認する必要があるが、その前に介助者は雌羊の産道内を傷つけ、病原体などで汚染することがないように、爪を短く切り、手指と腕およ

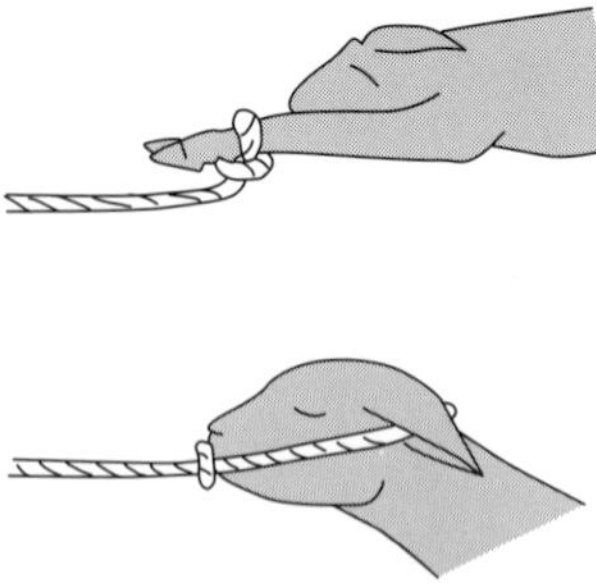

図40　前肢（上）と頭部（下）へのロープのかけ方

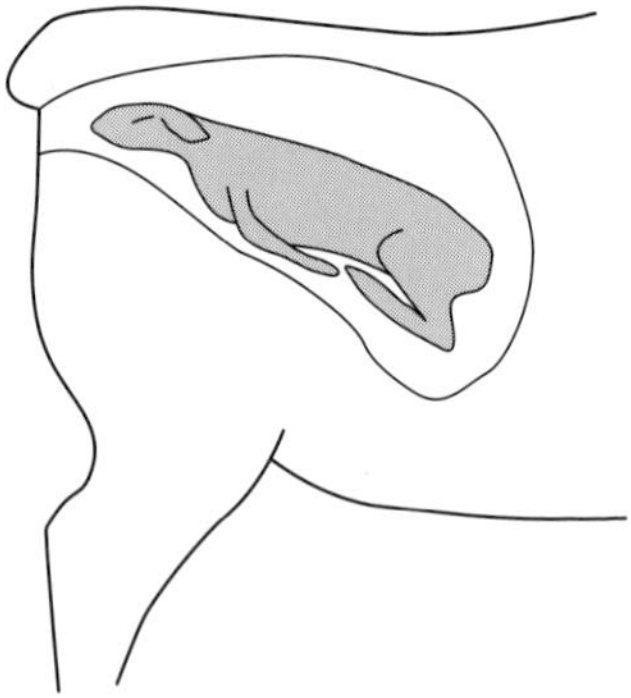

図39　頭部先行型（前肢屈曲）

び助産に使用する器具類を逆性石鹸液で消毒しておかなければならない。そして、ゆっくりと産道に手を挿入して胎子の姿勢や状態を確認する。

図39は前肢が屈曲し、頭部だけが産道内に進入している状態であるが、片足のみ屈曲している場合もある。いずれにしてもこのままでは胎子の肩が引っかかって引き出すことができないため、胎子を子宮内に押し戻してから両前肢を産道内に導き、正常な姿勢で引き出す。その際、引き出した片方の前肢を見失わないようにロープをかけておくとよい（図40の上）。

図41は頭部が屈曲し、前肢のみが産道内に進入している場合であるが、これは頭部先行型の助産の際に発生することもある。この場合も子宮内に押し戻して正常な姿勢で引き出すが、このような胎子の姿勢は産道が狭いときに起こりやすく、頭部を正しい姿勢を確保することが難しい場合もあるが、前肢だけではなく頭部にもロープをかけた状態

（図40の下）で腹壁からの圧迫によって頭部を産道に導きながらゆっくりと引き出す。

後肢から産道内に進入する逆子（図42）は蹄の裏が上を向いており、手を挿入すると飛節に触れるので、容易に後肢であると判断できる。逆子の助産は、尾が両後肢の間にあることを確認したうえで2本の後肢を引き出せばよく、技術的に難しいことではないが、産道内で臍帯が切れると羊水が胎子の気道に入って窒息してしまうので、見つけ次第対処する必要がある。

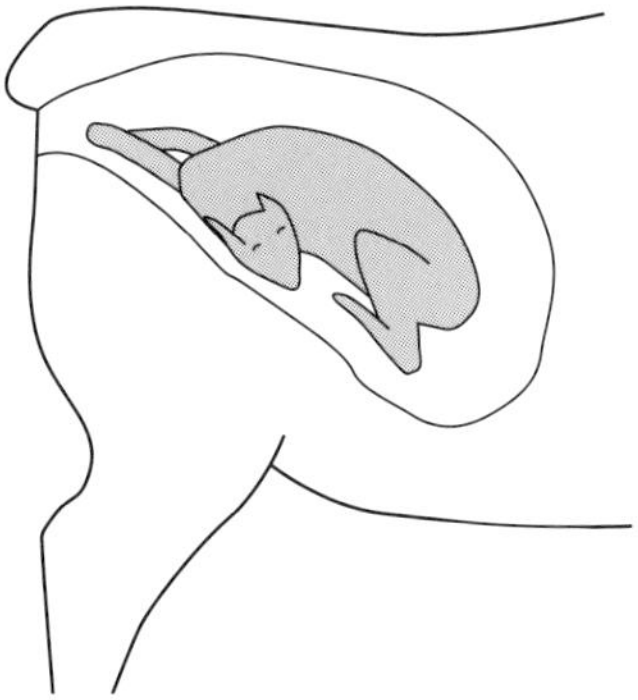

図41　前肢先行型（頭部屈曲）

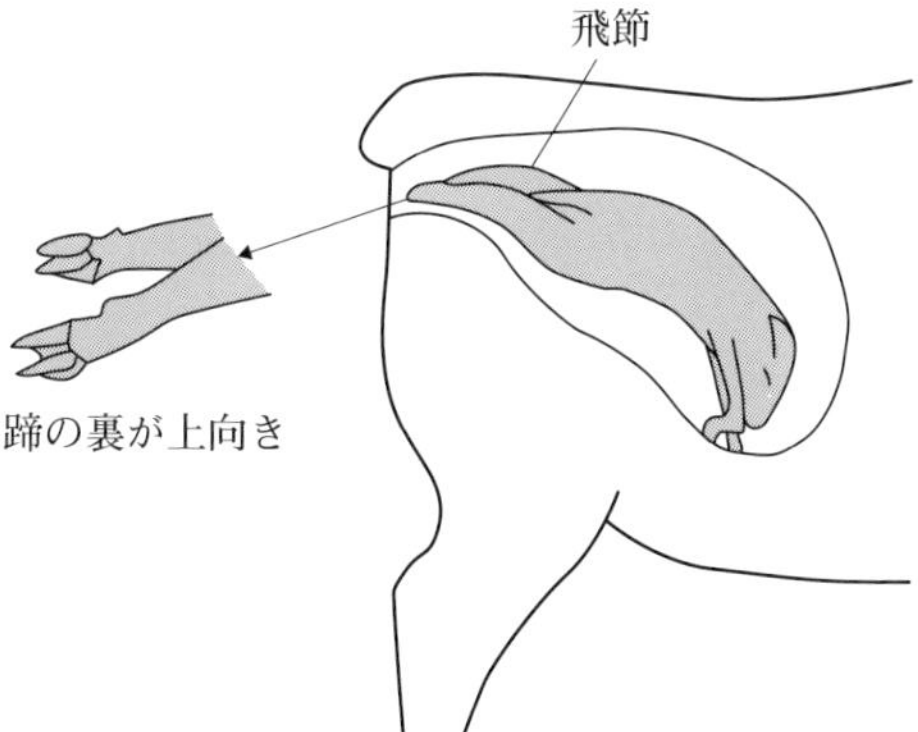

図42　後肢先行型（逆子）

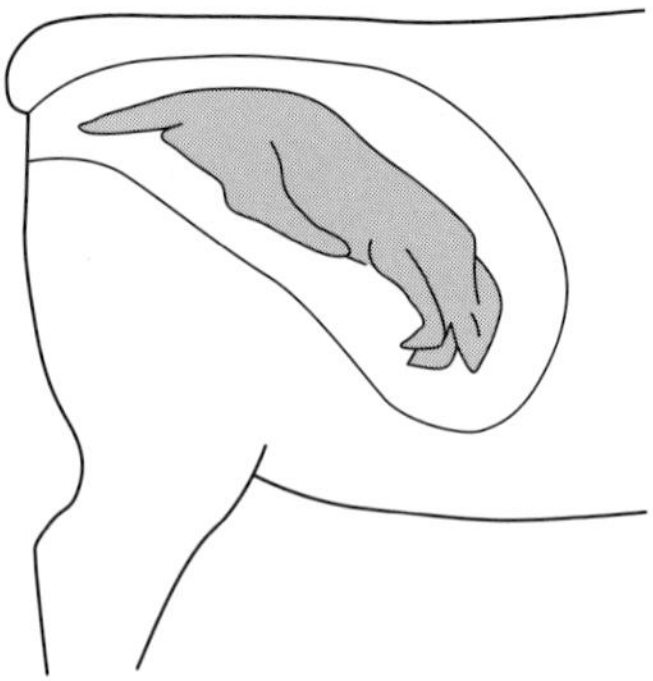

図43　後躯先行型

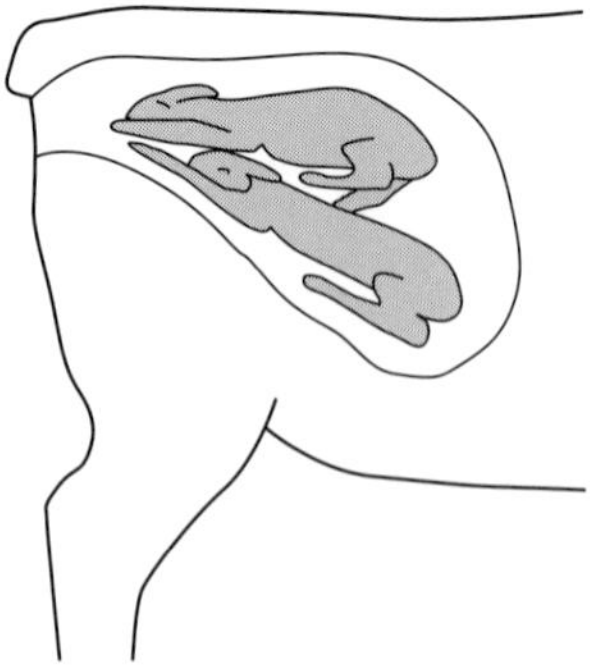

図44　双子同行型

図43は同じ逆子でも後肢が産道に進入していない状態であり、手を挿入したときに尾に触れるか、あるいは何の突起物もない毛皮のボールのような感触である。初めて経験したときには混乱するかもしれないが、胎子の体に沿って手を挿入していくと後肢に触れることができる。胎子の尻を押して後肢を引き出し、逆子の状態で助産を行なう。

双子以上を妊娠している場合、通常、胎子は1頭ずつ間隔を空けて娩出されるが、何らかの理由で第1子の娩出が遅れ、次の胎子と同時に産道に進入してくることがある（図44）。手を挿入すると3～4本の脚に触れるが、狭い産道内ではそれぞれの胎子の脚を識別することは難しい。このため、全ての胎子を押し戻したうえで子宮内の胎子の識別を行ない、1頭ずつ引き出す。

正常な姿勢であっても胎子が大きく頭が出てこない場合（図45）は、直腸に指を入れて胎子の後頭部を押さえるようにして引き出すが、このとき、産道内に産道潤滑剤を注入す

写真34　分娩柵に収容した母子羊

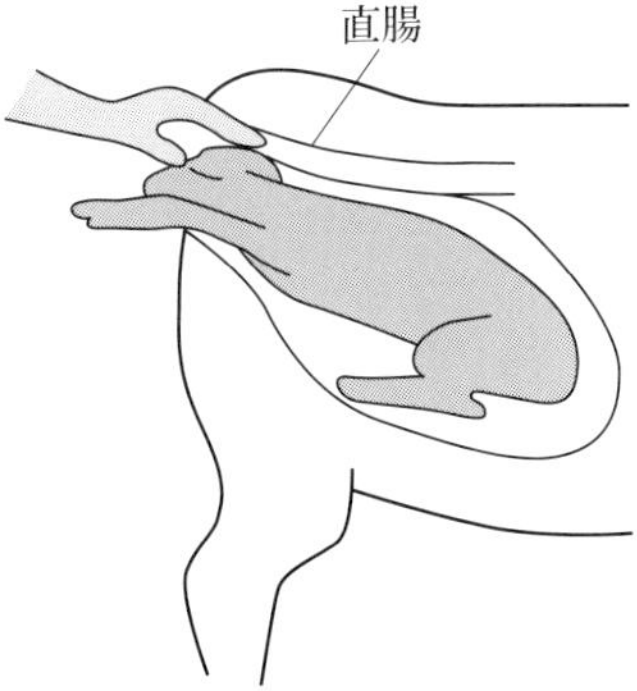

図45　過大胎子の助産

るとよい。

なお、難産で助産を行なった子羊は活力が低下し、羊水で気道が塞がれている場合があるので、娩出されたらすぐに鼻や口の周りの粘液を取り除いて呼吸を確認する。すぐに頭を持ち上げるようであれば問題はないが、呼吸をしていない場合、羊水を吐かせて人工呼吸を行なう必要がある。現在、羊水の排出と人工呼吸の機能を備えた機材も市販されているが、器具がない場合は子羊を逆さにして羊水を吐かせ、胸部を圧迫して人工呼吸を行なう。また、重度の難産の場合には母羊も産道や子宮内膜を傷つけていることもあるので、数日間は注意深く観察する必要がある。

分娩後の処置

無事に分娩が終了すれば、しばらく子羊の体を舐めさせたのち、母羊と子羊を分娩柵に収容する（写真34）。このとき、子羊を静かに抱き上げて母羊の鼻先にかざしながら、ゆっくりと分娩柵内へ連れて行けば、簡単に母羊を誘導することができる。

分娩柵内に収容した子羊はすぐにヨードチンキまたはイソジンで臍帯を消毒し、体重測定を行なう。一方、母羊については乳房および乳汁の状態を確認し、異常がなければ子羊が母乳を飲む様子と母羊の授乳状況を観察する。

通常、子羊は生まれてから30分以内には自力で立ち上がり、1時間以内に最初の吸乳に成功する（写真35）が、なかなか立ち上がることができなかったり、母羊の乳頭を探り当てることができない場合には、子羊の口に乳頭を含ませて吸乳の補助をしたり、初乳を搾って哺乳ビンで飲ませる必要がある。

生まれたばかりの子羊には免疫力がなく、初乳を飲むことによって初めて病気に対する抵抗性を獲得するが、十分な抗体を獲得するためには少なくとも体重1kg当たり50mℓ以上の初乳を摂取しなければならない。

写真35　子羊が母乳を飲む様子

初乳は免疫グロブリンと脂肪の含量が高く、抗体獲得と子羊のエネルギー補給のために重要であるほか、胎便を排出する効果もあるが、生後12時間以上の子羊は免疫グロブリンを吸収できなくなるため、できるだけ早く初乳を飲む必要がある。したがって、初乳が十分に出ず、乳汁に異常があって子羊に飲ませることができない場合には代替の初乳を用意しなければならない。実母の初乳の代替として最もふさわしいものは、同じ農場で同時期に分娩した別の母羊の初乳、または凍結保存された初乳であるが、それがない場合にはウシの初乳を利用することも可能である。もしも近隣に酪農家があれば、余った初乳を分けてもらい、凍結保存しておけば必要なときに解凍して使用することができる。ただしその場合、子羊が獲得する抗体は環境の異なる農場で飼育されていたウシのものであり、必ずしも自分の農場の環境に適応するとは限らない。

なお、初乳を保存しておく場合には必ず殺菌してから凍結することを忘れてはならない。初乳の殺菌は熱を加えすぎると成分が変化してしまうため、密閉できる容器に入れて湯煎で60～63℃を30分以上保ち、自然に冷却する。

虚弱子羊の介護

全ての子羊が元気に育ってくれることを誰もが願っているだろう。しかし、生まれてくる子羊の10～15％は分娩時または分娩後1～2日のうちに死亡しているのが現実である。子羊の死亡原因には死産や母親に押しつぶされて死亡する圧死などもあるが、その多くは寒冷感作とエネルギー不足による低体温症である。

子羊は低体温症に陥りやすい、次のようないくつかの問題を抱えて生まれてくる。

①羊水で体が濡れている：通常、ヒツジの分娩は寒い時期に集中しているが、生まれたばかりの子羊

は羊水で体が濡れているため、気化熱による体表からの熱損失が大きい。
②皮膚面積が大きく被毛が短い：子羊の皮膚面積は体重比で成羊の3倍程度あり、しかも被毛が短く皮下脂肪も少ないことから断熱性に乏しく、体温を奪われやすい。
③エネルギーの蓄積が少ない：成羊の場合、体脂肪やグリコーゲンとして蓄えているエネルギー量は体重の10～15％であるが、生まれたばかりの子羊では体重のわずか3％に過ぎず、母乳を飲めない状態が5時間を過ぎると重度の低体温症に陥る可能性が高い。

これらの問題は分娩後、すぐに母羊が濡れた子羊の体を舐めて乾かし、子羊が早期に初乳を飲むことができれば解決できることであるが、母羊が子羊の面倒を見ない場合や、胎内での発育が悪く活力のない子羊を放置すれば確実に低体温症に陥ってしまうだろう。

表13には子羊の体温による異常の判断基準を示したが、正常な子羊の体温はおよそ40℃であり、39℃以下は低体温症、37℃以下では極めて危険な重度の低体温症と判断する。

子羊の低体温症に対する処置（図46）は、体を乾かすこと、初乳を給与する（エネルギーを補充する）こと、そして体を暖めることであるが、重度の低体温症で生後5時間以上経過している場合には初乳を吸う力も残っていないことが多い。このような場合には写真36、37のように注射器にチューブを取りつけた胃チューブを子羊の食道内に挿入して暖めた初乳を与えるか、もしくはブドウ糖の腹腔内注射を行なう（写真38）。

表13　子羊の体温による異常の判断基準

体温	異常の判断基準
40℃以上	肺炎や関節炎などの感染症を疑う
39 ～ 40℃	正常
37 ～ 39℃	中程度の低体温症
37℃以下	重度の低体温症（極めて危険な状態）

注　Andrew Eales and John Small『Practical Lambing and Lamb Care』，1984 より

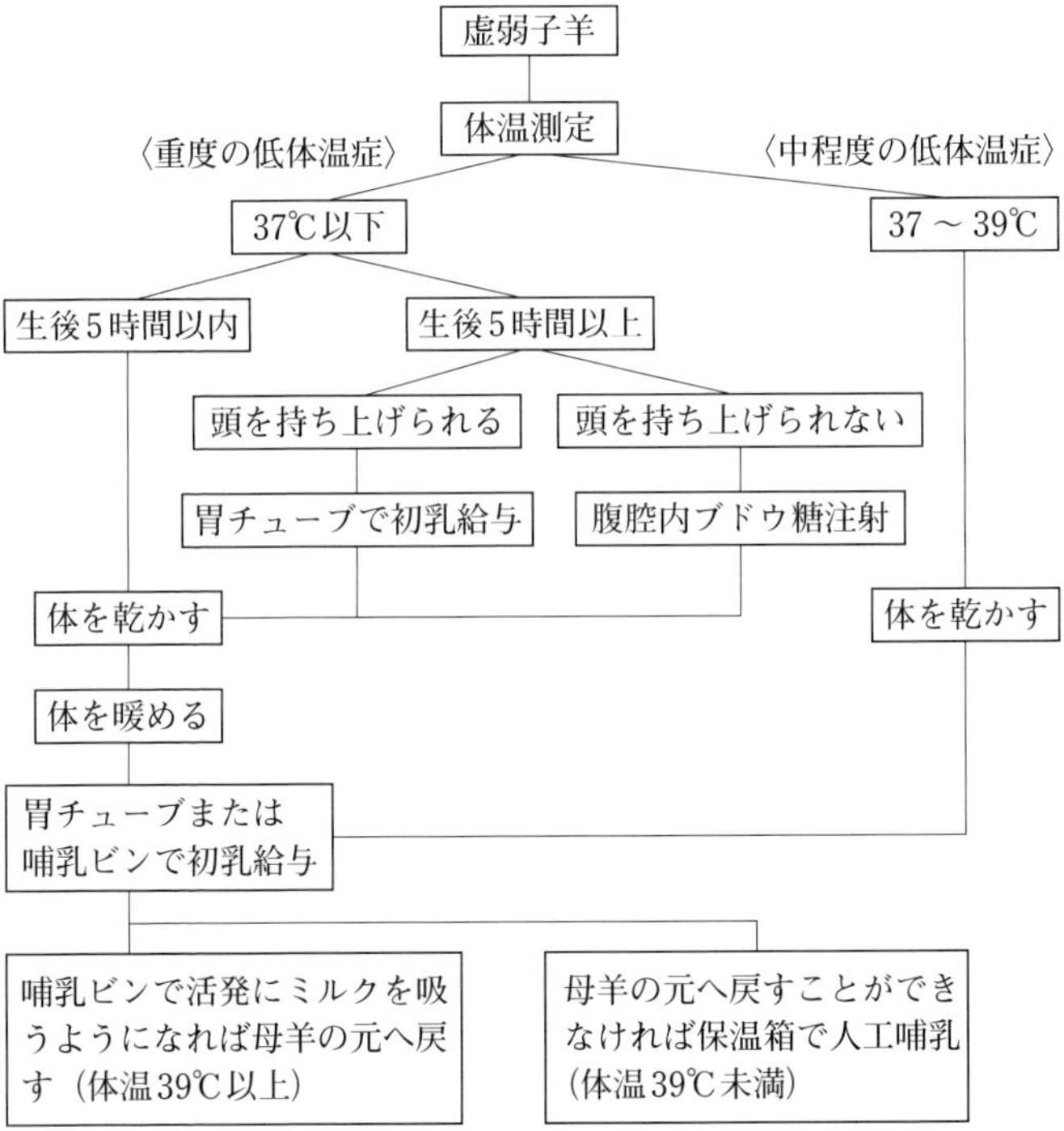

図46　低体温症の処置フローチャート

胃チューブを挿入する際には注射器を外した状態で、子羊の首をまっすぐに伸ばしてゆっくりと食道内に挿入する。のどを通過する際に子羊が咳き込んで不快な様子を示す場合は気管に入っているのでもう一度やり直す。チューブが口の先端から15cm程度入ったところで反対側のチューブの先を吸って空気が戻ってこなければ食道内に挿入されていると判断できるので、注射器を取りつけてゆっくりと初乳を50～100mℓ注入する。

ブドウ糖の腹腔内注射は20～25%のブドウ糖注射液（体重1kg当たり10mℓ）を40℃に暖めて腹腔内に注入する方法であり、注入されたブドウ糖は腸壁から吸収されて子羊のエネルギーとなる。この処

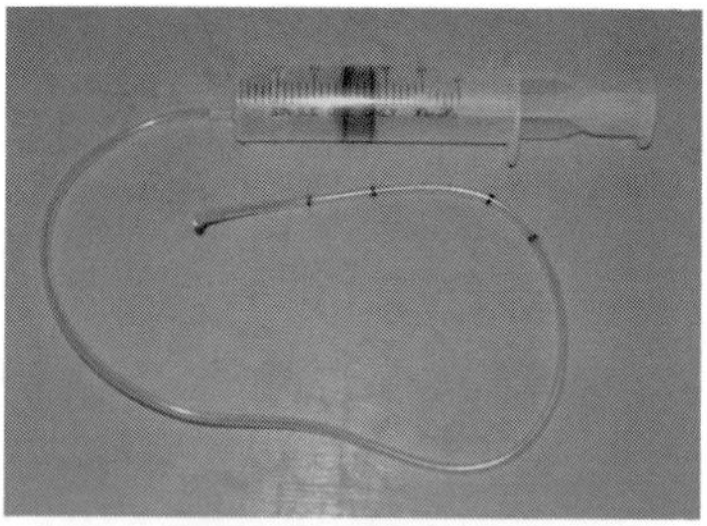

写真36　胃チューブ

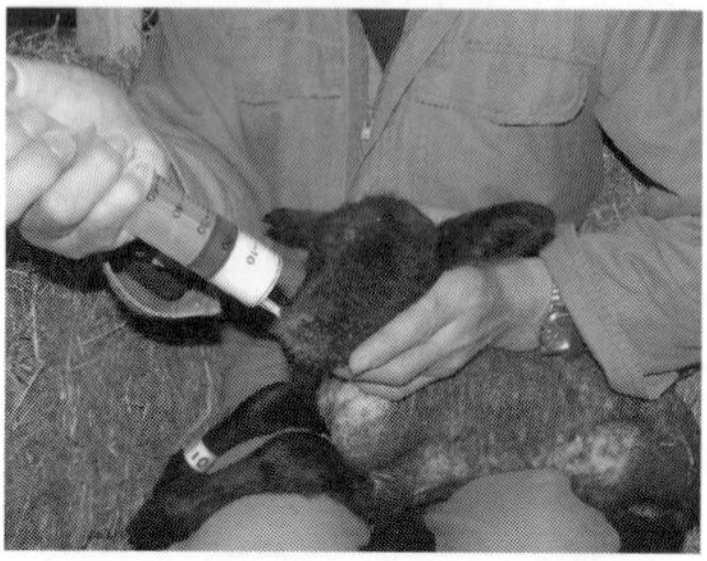

写真37　胃チューブによる初乳の給与

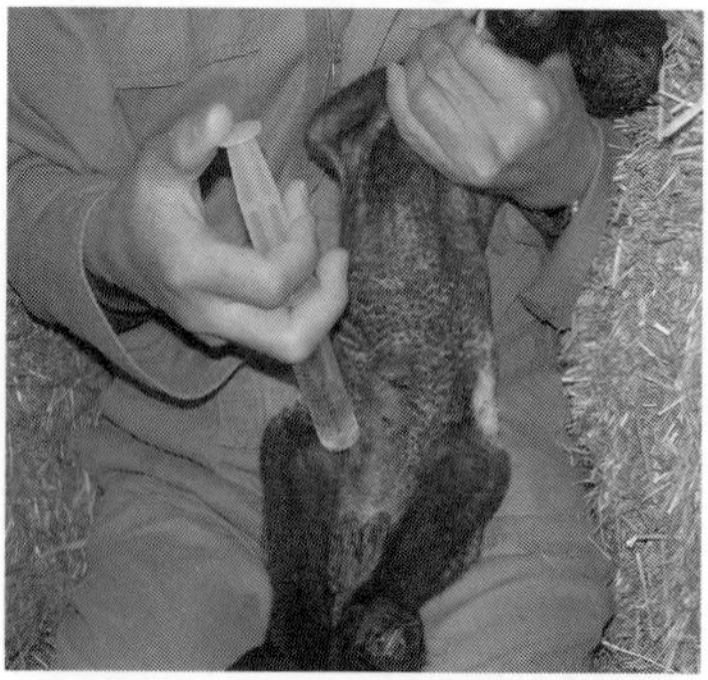

写真38　ブドウ糖の腹腔内注射

置は子羊が頭を持ち上げられないほど衰弱し、緊急を要する場合に行なう。

また、体温が低下した子羊の体を暖める最も効果的な方法は40～42℃の温湯で温浴をさせることであるが、体が濡れてしまうと再び体温が低下してしまう危険があるため、写真のように子羊の体をビニール袋などに包んで入浴させるとよい（写真39）。

処置を終えた子羊は、体を冷やさないように箱などに入れて暖かい場所で管理する（写真40）。子羊が哺乳ビンで活発にミルクを飲めるようになれば母羊の元に戻すが、子羊の回復に日数を要すると母羊が子羊を受け入れず、人工哺乳を継続せざるを得なくなる場合もある。

写真39　子羊の温浴

写真40　保温箱に収容した子羊

5　授乳から離乳まで

(1)　授乳期の管理

授乳期の考え方と管理の流れ

授乳期は母羊の栄養管理の観点から前期と後期に分けられる。日本飼養標準では母羊の泌乳量が分娩後8週までに総乳量の75%を生産されることを根拠に16週間の授乳期を前期8週間と後期8週間に分けて養分要求量を示している。しかし、現在の主要品種であるサフォークの場合、3カ月齢（生後12週間）で離乳するのが一般的であることから、授乳前期6週間と後期6週間と考えればよい。

図47に示したとおり、母羊の泌乳量は分娩後2～3週でピークを迎え、その後減少に転じて6週目以降は極端に少なくなる。一方、子羊は生後3週間頃まで栄養の全てを母乳に依存しているが、成長に伴う養分要求量の増加と母羊の泌乳量の減少により、4週目以降には母乳以外に固形飼料からも栄養を摂取しなければならない。このため、子羊にはそれより早い段階からクリープフィーディングを開始し、乾牧草や濃厚飼料などの固形飼料を食べさせることによって生後4週目までに反芻胃の機能を十分に高めておく必要がある。

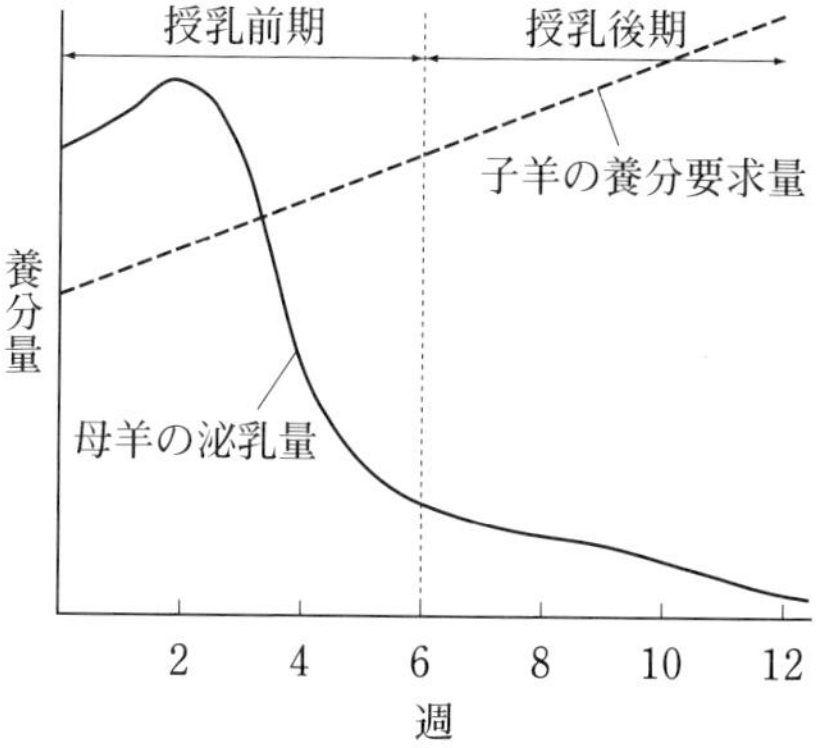

図47　母羊の泌乳量と子羊の養分要求量の関係
泌乳曲線は双子授乳のもので，単子の場合の泌乳ピークは3〜4週目となる

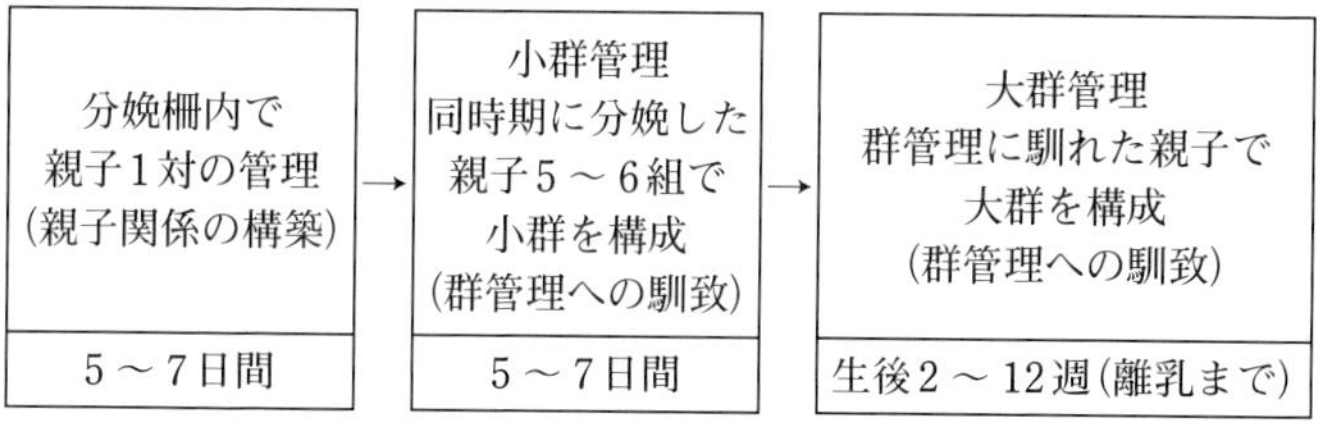

図48　授乳期における母子羊の管理の流れ

　このように、授乳期には子羊の成長に応じた管理の流れがある（図48）。

①分娩柵内での管理：分娩を終えた母子羊は5〜7日間を分娩柵内で過ごすが、その目的は親子関係の構築と母子羊の健康チェックである。また、この期間中に子羊の個体識別や分娩記録簿への記載（表14）および断尾を行なうほか、用途がラム肉生産と決まっている雄子羊については去勢も行なっておく。断尾と去勢の方法を図49、50に示した

が、どちらも生後0～3日以内にゴムリングの装着によって実施する。断尾については、尾のつけ根ではなく、尾が2～3㎝程度残る位置の関節部にゴムリングを装着する。また、去勢を行なう場合、この時期にはまだ睾丸が腹腔内にあるので、指で探って陰嚢内に導く必要がある。

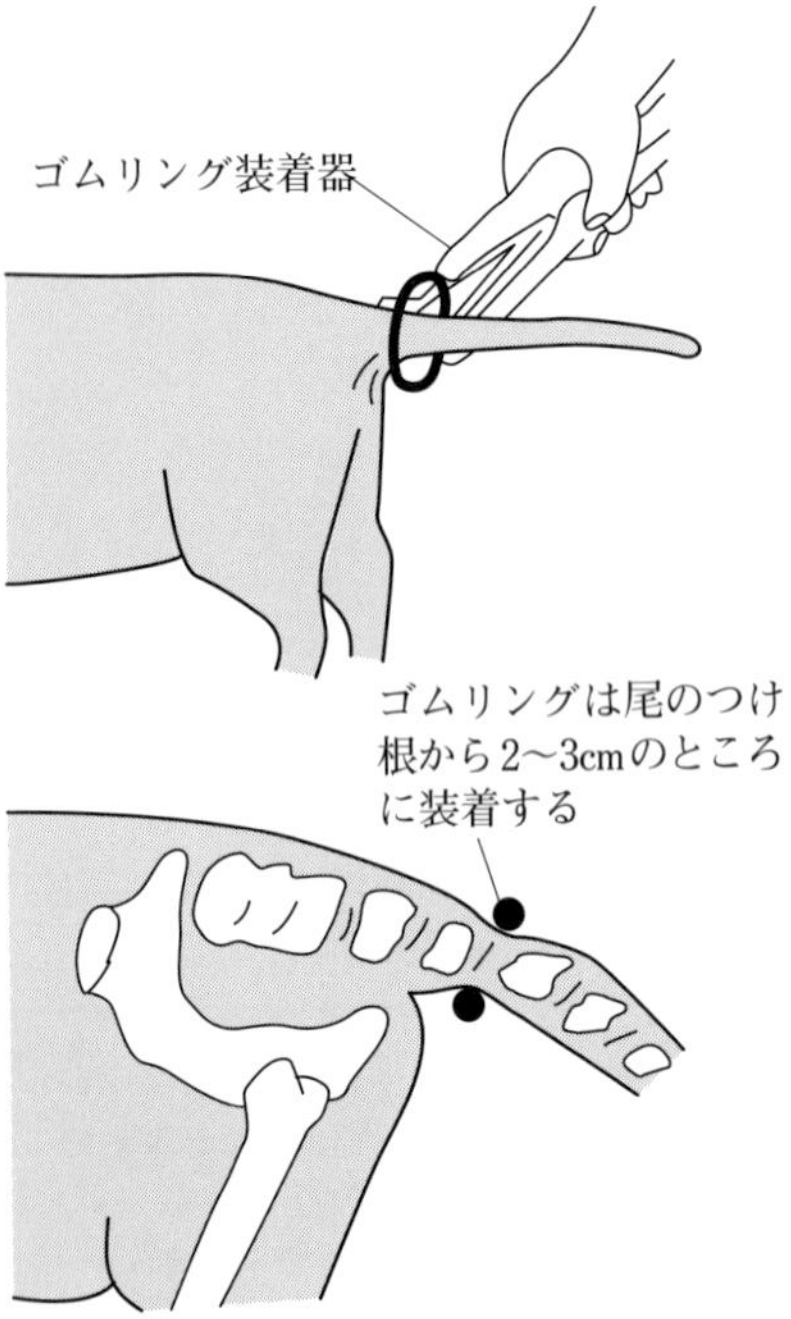

図49　ゴムリングによる断尾

記載内容の一例

徴 乳頭	人工哺乳の有無	母の名号	父の名号	その他特記事項
例				
(左) 複・(右) 単	なし	P005	G501	助産（右前肢屈曲）
(左)　・(右)				
(左)　・(右)				
(左)　・(右)				

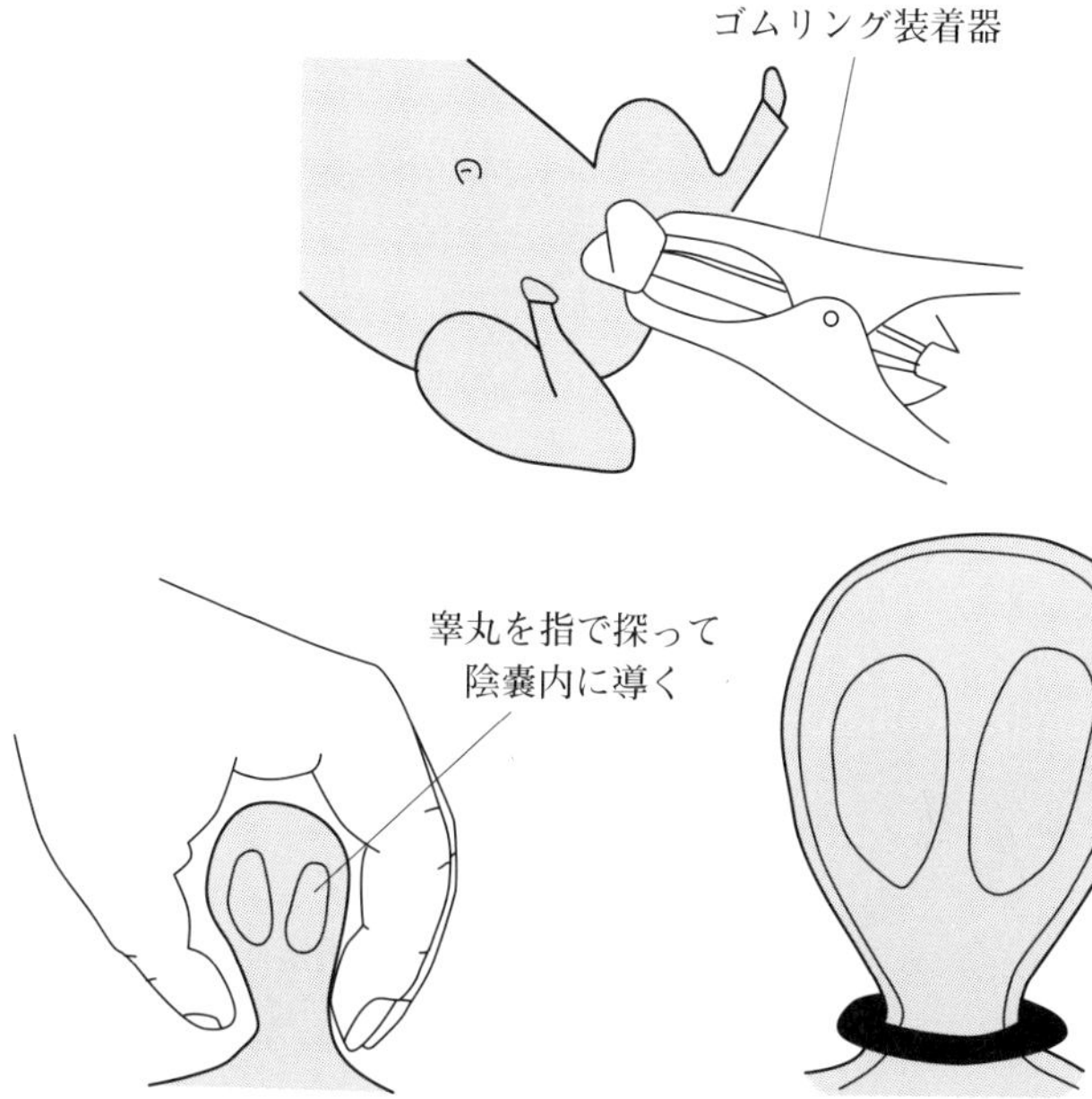

図50　ゴムリングによる去勢

表14　分娩記録簿への

No.	子羊の名号	生年月日	性別	生時体重	分娩型	特	
						顔色	蹄色(右前)
							記　載
1	A102	H31.2.6	♀	4.5	単子	黒系	黒

なお、この時点での個体識別は、正式な耳標を装着するにはまだ子羊の体が小さすぎるので、病院で使われる識別バンドやカラースプレーなどで個体が分かるようにしておけばよい。

②小群管理：親子1組当たり2・7～3・3㎡程度の囲いを用意し、同時期に分娩した親子5～6組を1つの柵内で管理する。こうすることによって子羊は群れの生活を覚え、他の子羊たちとも遊びの行動を取るようになるが、母羊が他の雌羊と離れた場所にいても子羊がはぐれてしまわないことを確認するまで注意深く観察する必要がある。

③大群管理：小群管理で問題がなければ大群管理に移行し、クリープフィーディングを開始する。これにより子羊は徐々に固形飼料の採食量が増し、やがて母乳を飲む必要がなくなるが、離乳までの間は母乳を介して母羊と子羊が互いに影響を受けているため、常に母子1対で健康管理を行なうことを忘れてはならない。

なお、大群管理に移行する際の子羊の日齢は生後10～14日であるが、通常であれば生時体重の1・5～2倍に達しており、耳標の装着も十分に可能である。

クリープフィーディング

クリープフィーディングは、哺育期間中の子羊に固形飼料を採食させる給餌法のことであり、その目的は反芻胃の発達促進と母羊の泌乳量減少に対する栄養補給である。生まれたばかりの子羊は反芻胃が機能しておらず、固形飼料を消化吸収することができないが、少しずつ固形飼料を採食すること

表15　クリープフィーディングにおける飼料給与の一例　(単位：g/日)

	2～3週齢	～4週齢	～5週齢	～6週齢	～8週齢	～12週齢
粉砕トウモロコシ	10～30	30～50	30	—	—	—
大豆粕	10	20	30	30	40	50
配合飼料 1)	—	10～30	50～100	100～200	200～300	300～450
ルーサンペレット	—	10	20～30	30～50	50～100	100
乾牧草	自由採食 →					

注　1) 配合飼料の養分量はTDN：76%，CP：13%

によって第1胃内での発酵分解が始まり、成羊と同じように固形飼料から栄養を摂取できるようになる。前述のとおり、母羊の泌乳量の減少に伴って、子羊は4週齢頃から固形飼料から栄養を摂取しなければならないが、そのためには遅くとも生後2週齢を過ぎる頃にクリープフィーディングを開始する必要がある。

クリープ柵はできるだけ日当たりのよい暖かい場所に設置し、その内部には軟らかい良質の乾牧草と濃厚飼料および水槽を用意する。この時期の子羊は母乳を飲んでいることから水分補給の必要がないと思われるかもしれないが、母乳は食道溝という器官を通って食道から第3胃に運ばれるのに対して、水は第1胃に入って固形飼料の消化を助ける。

表15にはクリープフィーディングにおける飼料給与の一例を示したが、子羊に最初に与える飼料は消化と嗜好性に優れたものがよく、粉状のトウモロコシや大豆粕などが適しているが、4～5週齢頃には粒状の飼料を好むようになる。ただし、殻つきのムギ類は不消化部分が多いため、クリープ飼料として適当ではない。

クリープフィーディングを行なった場合と行なわなかった場合の子羊の発育の違いは図51に示すとおり歴然としているが、クリープフィーディングを行なっていても全ての子羊が同じように良好な発育を示すとは限らない。図52には発育が良好な子羊とそうでない子羊の発育曲線と月ごとの1日当たり増体量（DG）を示したが、発育良好な子羊は離乳まで、ほぼ直線的に体重が増加しており、離乳後の発育も良好であるのに対し、発育の劣る子羊では2カ月齢頃から増体量が低下し始め、離乳後の発育もかなり劣っている。その原因は母羊の妊娠末期以降の栄養状態によるところが大きいが、子羊の固形飼料の採食量が不足していたことと反芻胃の発達が遅れたことの悪循環がもたらした結果でもある。つまり、栄養状態の悪い母羊から生まれた子羊は、体が小さく弱々しいうえに母乳を飲む量も少ないため当初から発育が劣っており、クリープフィーディングにおいても体の大きい子羊にエサを奪われてしまい、固形飼料を十分に採食することができず、反芻胃の発達が遅れてしまう。その結果、固形飼料の採食量が増えずに加速度的に増体量が低下したと考えられる。

授乳期は子羊の将来を決定する重要な時期であり、決して子羊の発育を抑制してはならない。母羊の栄養管理を適正に行なうとともに、クリープフィーディングでは全ての子羊ができるだけ早く、より多くの固形飼料を均等に採食させることが大切である。そのためには、子羊の採食状況を日々確認しながらこまめに固形飼料を増量することと、発育の違いによる食い負けが起こらないように発育状況に応じて群分けを行なう必要がある。

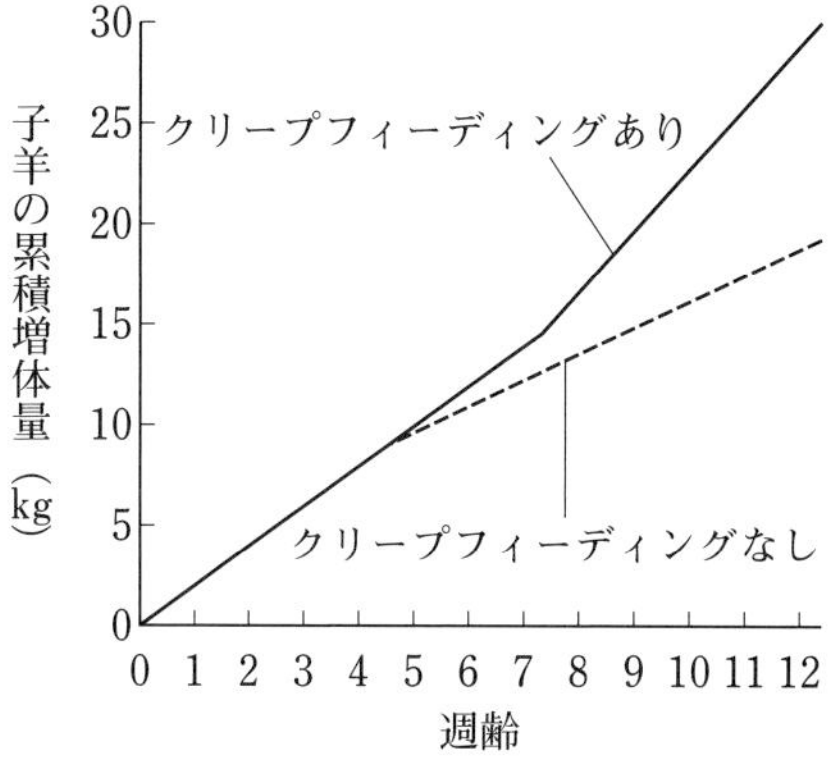

図51　クリープフィーディングの効果
（北海道立滝川畜産試験場，1989）

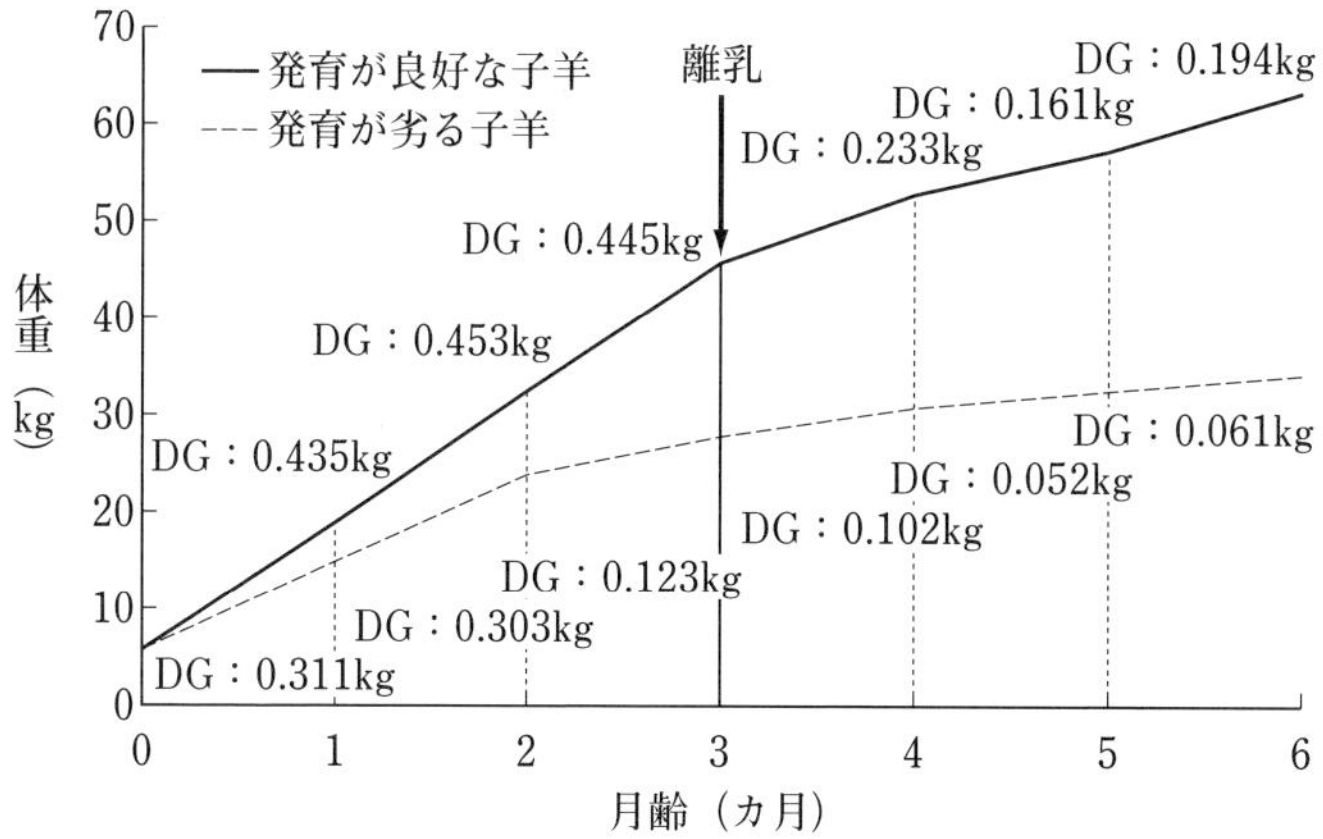

図52　子羊の発育の特徴
（家畜改良センター十勝牧場，2014～2016）
DG：1月当たり増体重

表16　完全人工哺乳における代用乳の給与例　（単位：mℓ）

日齢	哺乳回数	6時	9時	12時	15時	18時	21時	日量
1～3	4回	300		300		300	300	1,200
4～7	3回		400		400	800		1,600
8～20	3回		500		500	1,000		2,000
21～24	2回		1,000			1,000		2,000
25～28	1回		1,000					1,000

注　代用乳は25g/100mℓとして給与

クリープフィーディングにおいて、1頭の子羊が1日に採食すべき濃厚飼料の目標は500gである。

人工哺乳

母羊をなくした子羊や乳房炎などで母乳を飲むことができない子羊、あるいは母羊の乳量が少なく、十分に母乳を飲むことができない子羊には人工哺乳を行なうか、もしくは同時期に単子で分娩した雌羊や子羊をなくした雌羊がいれば付け子を行なうこともある。ただし、付け子は新たな母となる雌羊の馴致が必要であり、必ず子羊の面倒を見るようになるとは限らない。

母乳が不足している子羊に対する人工哺乳は、哺乳ビンで1回当たり200～300mℓを1日に1～3回程度与えればよいが、全く母乳が飲めない子羊については完全人工哺乳を行なうこととなる。その場合の代用乳の給与例を表16に示したが、頻繁にミルクを与えることは労力的に困難であるため、人工哺乳器を用いると便利である（写真41、42）。

4週齢で離乳を行なう完全人工哺乳では、母乳を飲む子羊よりも

表17 完全人工哺乳における飼料給与例 (単位：g/日)

日齢	代用乳	粉砕トウモロコシ	配合飼料	ルーサンペレット	大豆粕	乾牧草
1～3	300	10～30	—	—	10	自由採食
4～7	400	30～50	30	10	10	〃
8～20	500	—	50～100	20	10	〃
21～24	500	—	150～200	30	20	〃
25～28	250	—	200～250	30～50	20	〃
離乳						
29～35	—	—	250	50	30	〃
36～42	—	—	300	50～100	30	〃
43～49	—	—	400	100～150	30	〃
50～56	—	—	500	150～200	20	〃

注 代用乳は現物重量
配合飼料の養分量はTDN：76%，CP：13%以上

早い段階で固形飼料を十分に消化吸収できる能力を身につけさせる必要があり、固形飼料への馴致も哺乳と同時に開始する(表17)。

参考までに4週齢の完全人工哺乳を行なった子羊の発育成績を図53に示したが、4週齢において、子羊の体重が10kgを超えており、濃厚飼料を300g以上採食していれば離乳が可能である。

写真41 人工哺乳器(少頭数用)

写真42 人工哺乳器(多頭数用)

なお、ウシ用の代用乳のヒツジへの給与は飼料安全法により禁止されているため、必要な場合は必ず子羊用の代用乳を入手してもらいたい。子羊用の代用乳はくみあい飼料株式会社と中部飼料株式会社から季節限定の受注生産により供給されている。

授乳期における母羊の栄養管理

授乳前期の6～8週間は子羊への授乳のため、最も多くの栄養を必要とする時期である。この時期は子羊も栄養の大半を母乳に依存していることから、母羊に対する栄養管理が子羊の発育に直接的に影響する。

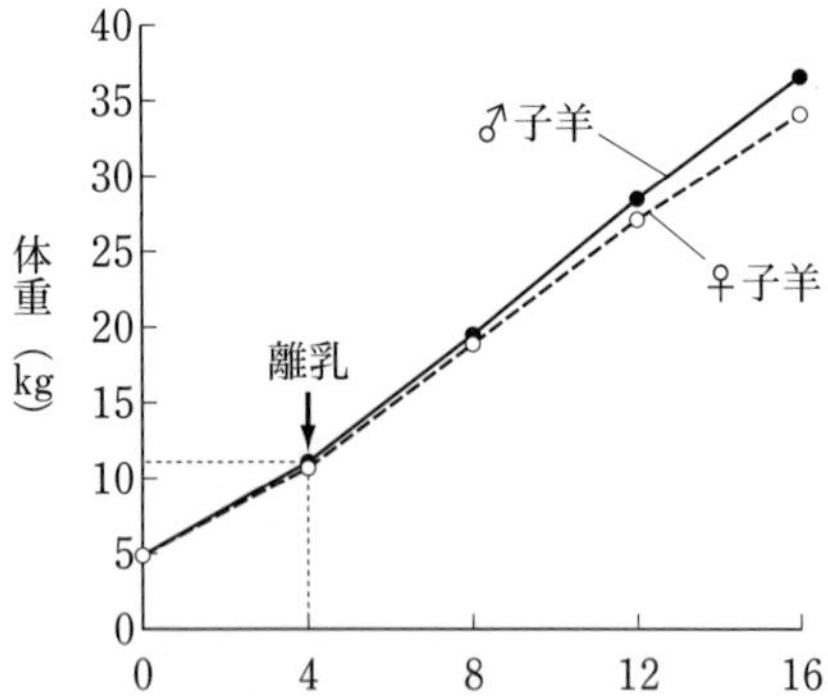

図53　4週齢の完全人工哺乳による子羊の発育
（家畜改良センター十勝牧場，1999～2001）

表18には各生産段階における養分要求量の比率を示したが、授乳前期は最も養分要求量が少ない妊娠前期～中期と比較して、DMおよびTDNが1・9倍、CPについては2・8倍もの養分が必要となる。この時期に養分が不足すると母羊自身も痩せ衰え、次回の交配にも影響を及ぼすこととなる。

一方、泌乳量が減少する授乳後期には母羊に多くの飼料を給与しても乳量が増えることはなく、子

表18　雌羊の各生産段階における養分要求量の比率

生産段階	乾物量(DM)	可消化養分総量(TDN)	粗タンパク質(CP)
妊娠前期〜中期	1.0	1.0	1.0
妊娠末期	1.2	1.2	1.4
授乳前期	**1.9**	**1.9**	**2.8**
授乳後期	**1.5**	**1.5**	**1.8**
回復期（乾乳期）	1.2	1.1	1.1

注　数値は妊娠前期〜中期の養分要求量を基準とした比率

羊も固形飼料から栄養を摂取する能力を身につけている。したがって、子羊の発育を促進するためには母羊の栄養摂取量を適度に抑え、子羊に多くの飼料を与える方が得策である。

(2)　離乳と母羊の乾乳

子羊の離乳

子羊が１日に５００g程度の濃厚飼料を採食できるようになれば離乳が可能である。

離乳は母羊と子羊を強制的に引き離すことによって行なうが、このことは子羊にとって大きなストレスとなり、一時的に発育が停滞することもある。このため、子羊には飼育環境の変化によるストレスを最小限に抑えるため、離乳後もこれまでと同じ場所で飼育し、母羊を別の場所に移動するとよい。また、子羊は少量ではあるが、母乳や代用乳からの栄養が絶たれるため、離乳後には濃厚飼料の増給も行なった方がよい。

母羊の乾乳

乾乳とは離乳後に母羊の泌乳を停止させることである。授乳後期には著しく泌乳量が低下しており、自然に乾乳するものもあるが、乳汁の生産が継続することによって乳房炎を引き起こすこともある。このため、速やかに泌乳が停止するよう、離乳の1週間前から母羊への濃厚飼料の給与を停止し、離乳後も一時的に低質な乾牧草のみを給与する。通常は1週間程度で乳汁の生産が停止し、2週間後には乳房も小さくなって乾乳が完了するが、中には離乳後3～4日頃に乳房が張ってくるものもあるため、観察を欠かしてはならない。

乳房および乳頭の腫脹が著しいものについては搾乳が必要であるが、この場合、乳汁を全て搾りきるのではなく、乳房の腫れを抑える程度に留める。

6　子羊の選抜

離乳後に子羊の選抜を行ない、自分の農場に後継羊として残すものと、生体（種畜）またはラム肉として販売するものとに分けられるが、雌の後継羊については繁殖羊群の約20％、つまり50頭の繁殖雌羊がいる場合は10頭程度を選抜することとなる。

選抜の基準については、それぞれの農場の考え方もあると思われるが、基本的には発育良好なものから選抜することになるだろう。しかし、子羊の発育には分娩型や母羊の年齢などの影響を受けており、しかも離乳時の子羊には日齢の差もあることから現状の体重だけでは順位づけをすることが困難である。このようなことから、畜産技術協会ではヒツジの生産性能力計算ソフト（Ｅｘｃｅｌ版）を作成、配布している。

　このソフトは離乳時点での実測体重を一般的な離乳時日齢である90日齢に補正し、さらに母羊の年齢と分娩・哺育型の補正係数（表19）を掛け合わせることによって、条件の異なる子羊の体重を横並びで比較できる90日齢補正体重を算出するものであり、家畜改良増殖目標（２０１５年3月、農林水産省）の目標値も同じ計算式が使われている。また、このソフトは子羊の能力だけではなく、母羊の能力や種雄羊の能力も把握できるようになっており、年次ごとの農場の生産能力を比較

表19　母羊の年齢，分娩・哺育型を補正する係数

要因		補正係数
母羊の年齢	2才	1.08
	3才	1.01
	4才	1.00
	5才	1.00
	6才	1.03
	7才	1.08
分娩・哺育型	単子・一子	1.00
	単子・二子	1.10
	双子・一子	1.08
	双子・二子	1.19
	三子・一子	1.09
	三子・二子	1.24
	三子・三子	1.37

（計算式）

90日齢補正体重＝

$$\text{生時体重} + \frac{\text{離乳時実測体重} - \text{生時体重}}{\text{体重測定日齢}} \times 90$$

×母羊の年齢の補正係数

×分娩・哺育型の補正係数

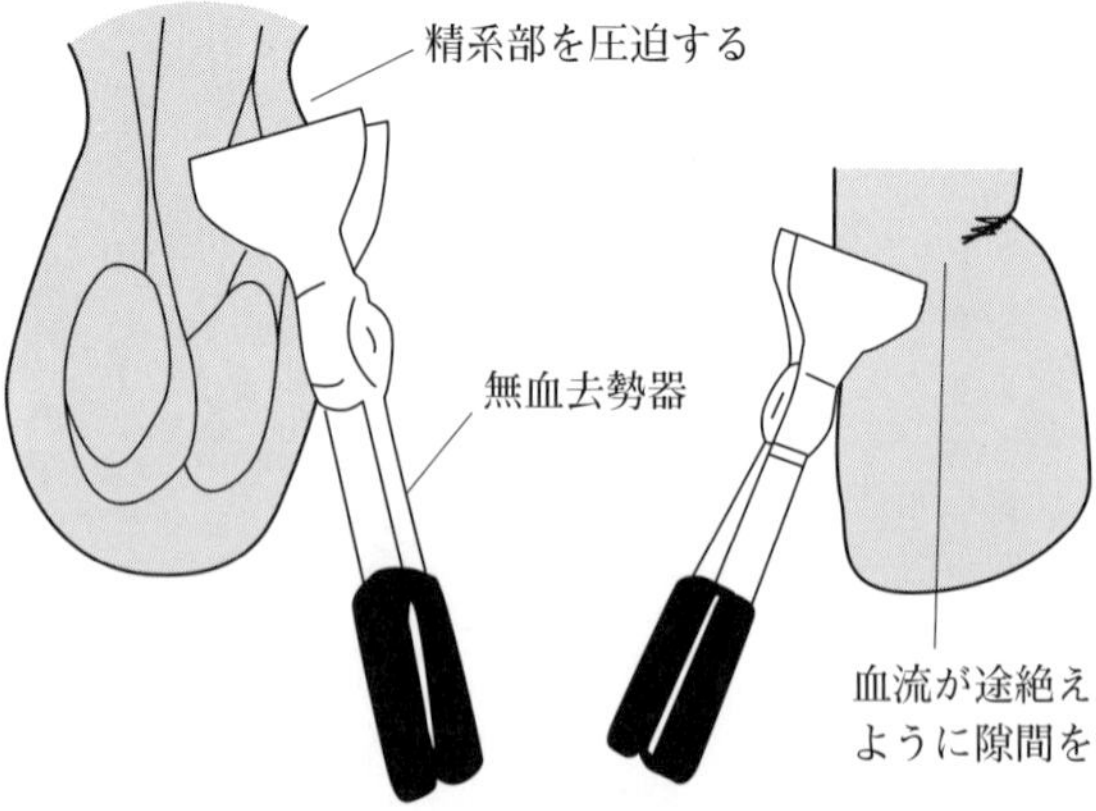

図54　無血去勢器による去勢

することもできる。

また、分娩時に去勢を行なわなかった雄羊のうち、選抜されず肥育するものについてはこの時点で去勢を行なうが、睾丸もかなり発達しているため、ゴムリングではなく、無血去勢器を用いた方がよい（図54）。無血去勢器で去勢を行なう場合は必ず片側ずつ行ない、陰嚢への血流が途絶えないように隙間を空けて精系部を挟んで挫滅する。およそ1分間の圧迫で去勢は終了するが、完全に挫滅されない場合もあり、睾丸が萎縮してこないようであれば再度実施する必要がある。

7　病気の予防と手当

(1)　健康管理

ヒツジを病気から守るために最も大切なことは、反芻動物であるヒツジの生理にあった飼養管理と適正な栄養管理を実践することにより、病気に負けない強い体を作ることである。しかし、その一方でヒツジの体に異常がないかどうかを日頃の管理の中で監視しておくことも忘れてはならない。ヒツジは病気になってもその症状を見つけにくく、発見が遅れてしまうことも多いため、入念な観察が必要である。また、ヒツジの異常を知るためには正常な生理状態（表20）を知っておくことも必要である。

表20　ヒツジの体温・心拍数・呼吸数

体温	子羊 成羊	38.5～40.5℃ 38.3～39.9℃
心拍数	子羊 成羊	80～100/分 60～ 80/分
呼吸数		12～ 30/分

注　『臨床家畜内科診断学』より

(2)　主な病気

ヒツジがかかりやすい病気

①腐蹄症：蹄を伸ばしすぎの状態で湿潤な草地にヒツジを放すと、蹄部の傷や趾間の皮膚から細菌が侵入し、炎症や化膿を引き起こす。群れの中で1頭でも腐蹄症を発症すると、他のヒツジにも伝染するので、蹄部に異常のあるヒツジを発見したらすぐに治療を行なう必要がある。治療の方法は、まず蹄部をきれいに洗浄し、剪蹄を行なって壊死部分や膿を取り除き、オスバン液などで消毒後、抗生剤を塗布する。重傷の場合は抗生剤の全身投与を行なった方がよい。処置が終われば、二次感染を起こさないように包帯で患部を保護し、乾燥した場所で隔離管理を行なう。

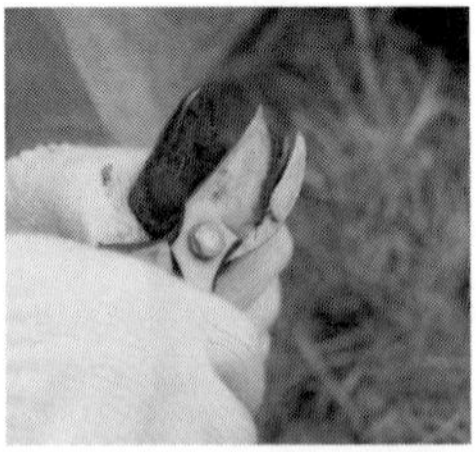

写真43　剪蹄の方法

保定の方法

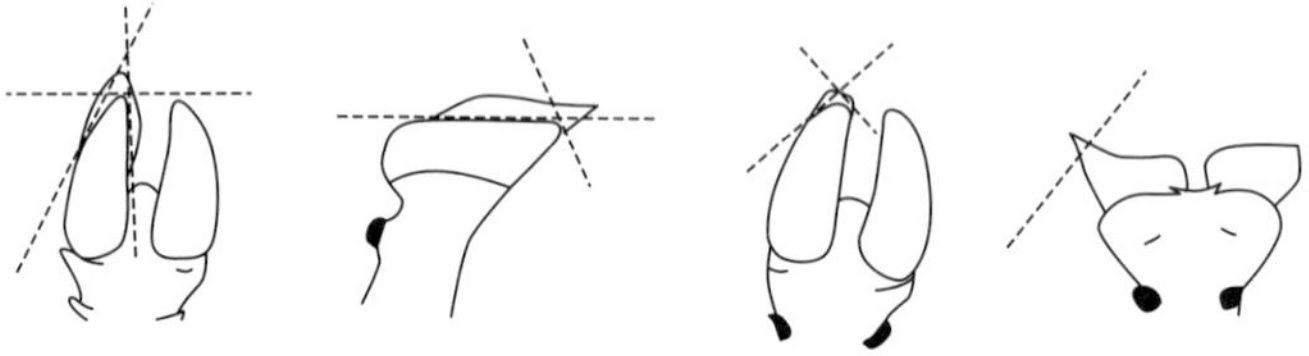
周辺の薄く伸びた部分を切り取る
切り口に丸みをつける

図55　剪蹄の方法

予防としては、蹄が伸びすぎて割れることがないように、定期的に園芸用の剪定ハサミなどを使って剪蹄を行なうことである（写真43、図55）。

②内部寄生虫症：ヒツジの消化器官内には表21に示すような各種の寄生虫が存在している。少数の寄生であれば特に問題にはならないが、寄生虫が増加すると下痢や乾燥便、貧血などの症状が見られ、栄養不良に陥って死亡することもある。このため、症状が見られた場合には糞便検査により寄生虫の種類を特定して駆虫薬を投与する必要がある。

主な内部寄生虫症としては、線虫症、条虫症およびコクシジウム症があり、条虫症は成羊では無症状のことが多く被害も少ないが、子羊や育成羊では下痢や貧血を起こして、発

表21　ヒツジの寄生虫と駆虫薬

寄生虫		寄生部位	中間宿主	駆虫薬
消化器内線虫類	捻転胃虫	第4胃	—	イベルメクチン，レバミゾール，フルベンダゾール
	オステルターグ胃虫	第4胃・小腸	—	
	毛様線虫	第4胃・小腸	—	
	乳頭糞線虫	小腸	—	
	腸結節虫	結腸	—	
	鞭虫	盲腸	—	
条虫類	ベネデン条虫	小腸	ササラダニ	ビチオノール，プラジクアンテル
	拡張条虫	小腸	ササラダニ	
コクシジウム原虫		腸	—	トルトラズリル，スルファモノメトキシン
指状糸状虫（腰麻痺）		体内	シナハマダラカ，オオクロヤブカなど	グルコン酸アンチモンナトリウム，イベルメクチン
外部寄生虫（シラミ，ダニなど）		体表	—	各種殺虫剤

育が停滞することがあるので、放牧期の6～8月に子羊と育成羊を中心に駆虫を行なう。条虫が寄生している場合は糞の中に米粒大の体節が見られることが多い。

また、コクシジウム症も成羊は無症状であるが、子羊では被害が大きい。主な症状は下痢であるが、腸の粘膜が破壊されるため、血便となり、貧血や脱水症状を起こして死亡することもある。糞中に排出されたコクシジウムのオーシスト（虫卵に相当するもの）を飼料や水とともに経口摂取することで伝染するため、発生があった場合には同居しているヒツジも駆虫をすべきである。

内部寄生虫症は放牧中の発生が大半であるが、放牧前の3～4月にヒツジの体内で休眠していた線虫類が活動を開始し、分娩で体力を消耗した雌羊などが発症することもある。

これまで、線虫対策として定期的な投薬による全頭駆虫が推奨されてきたが、消化器内線虫類、特に捻転胃虫の薬剤耐性が世界的に問題となっており、日本国内においてもこれまで多用されてきたイベルメクチンが効かない状況が確認されている。各農場の薬剤耐性の状況についてはこれまでの駆虫方法によって異なるため、まずは自分の農場でどの程度の耐性があり、どの薬剤が効くのかを確認する必要がある。そして効果のある薬を残す努力と、その薬の呼応か判定を少なくとも年に一度は行なうべきである。効果のある薬を残すとは、薬剤耐性を持たない線虫を維持するということであり、そのためには群れの10~20%のヒツジには駆虫を行なわないことも必要である。

それぞれの農場において線虫対策をどのようにすべきかをここで細かく述べることは困難であるが、獣医師や専門家の助言を得ながら自分の農場の現状を把握し、対策を検討していくことが大切である。

③腰麻痺：腰麻痺は、本来ウシの腹腔内に寄生する指状糸状虫が蚊を介してヒツジの体内に侵入し、脳脊髄神経を破壊することによって麻痺や起立不能などの運動障害を引き起こす寄生虫症のひとつである。予防対策としては媒介昆虫である蚊の発生時期に合わせて定期的に駆虫を行なうことであるが、線虫の薬剤耐性の問題もあるので、使用する薬剤については獣医師に相談すべきである。また、その他の対策としては、近くにいるウシの駆虫を行なうこと、忌避剤や蚊取り線香を使ってヒツジに蚊を

近づけないようにすることである。

④乾酪性リンパ節炎：体表の傷からコリネバクテリウム属菌が感染し、体表やリンパ節、肺や肝臓などの臓器に膿瘍を形成する。食肉向けのヒツジでは部分廃棄されるため、経済的損失も大きい。毛刈りを行なった際の傷から感染することが多く、高年齢のものほど感染率が高いので、毛刈りは年齢の若い順に行ない、皮膚を傷つけた場合には必ずヨードチンキで消毒するとともに、バリカンなどの道具も1頭ごとに消毒することが望ましい。また、体表の膿瘍が破れた場合や、外科的処置によって膿瘍を取り除いた場合には周囲を汚染しないように、きれいに取り除いて消毒を行なう。

周産期に多い病気

①流産・死産：流産とは胎子が生存能力を持つ前に娩出されることをいい、死産とは妊娠期間を満了したにもかかわらず胎子が死んで娩出されることをいう。母羊の生殖器やホルモンの異常、栄養不良、腹部の圧迫などにより散発的に発生することが多いが、リステリアやサルモネラ、カンピロバクターなどの細菌感染によって流行的に発生することもある。頻発する場合には伝染性流産が疑われるため、胎子や胎盤を回収したうえで、獣医師や家畜保健衛生所に相談すべきである。

ちなみに、早産は妊娠期間満了前に生存能力を持った胎子が娩出されることであるが、その原因は母羊の栄養不足であることが多い。

②ケトージス：妊娠末期における胎子の急激な養分要求量の増加に対して母羊の養分摂取量が不足し

た場合に起こる糖および脂質の代謝障害である。運動失調や後躯麻痺などの神経症状が見られ、適切な処置が行なわれなければ死亡する場合もある。妊娠期の栄養管理が適正に行なわれていなかったことが原因であるが、万が一発生した場合にはブドウ糖の静脈注射が効果的である。また、発生時の妊娠日数によるが、分娩誘起を行なって胎子の娩出を早める場合もある。

③膣脱：膣脱とは胎子の発育に伴う腹圧の上昇によって膣が外陰部から突出した状態をいう（写真44）。太りすぎや加齢または運動不足などによる陰部周辺の筋力不足が原因となる。膣脱を発見した場合には突出した膣をきれいに洗って元の位置に押し戻し、リテイナー（膣脱防止器具）を装着する（図56）。

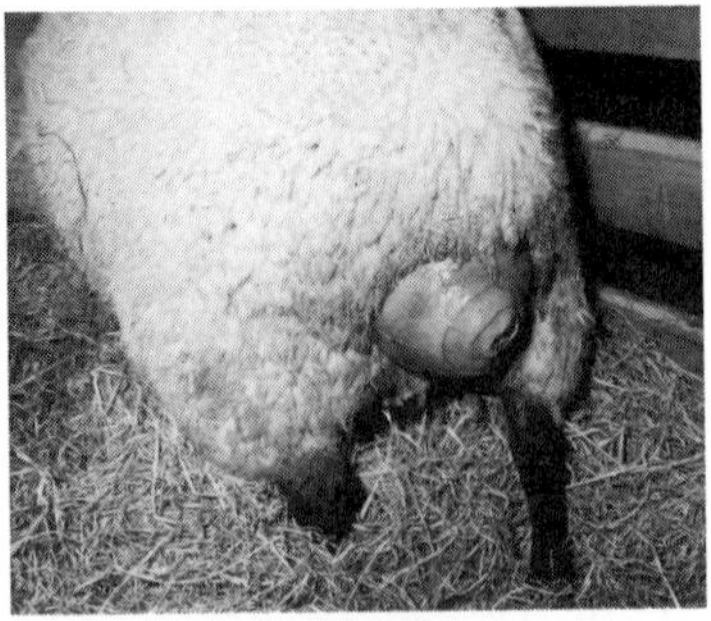
写真44　膣脱

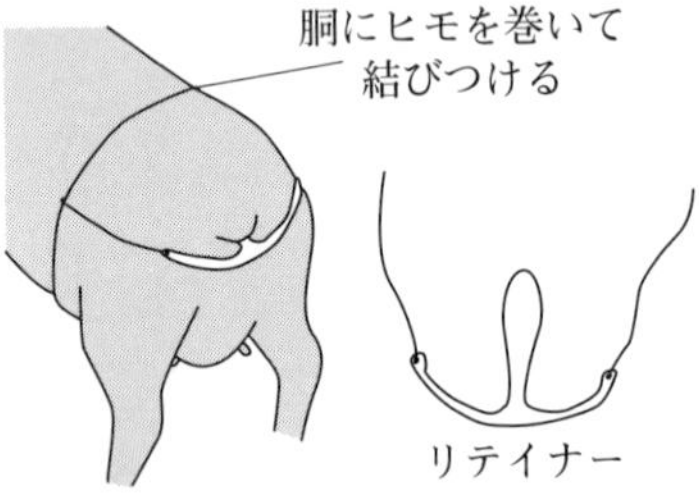

図56　リテイナーの装着

写真45　子宮脱

膣脱は反転した膣で尿道を塞いでしまうため、放置すると尿毒症や膀胱破裂を起こすこともある。

④子宮脱：子宮脱は子宮が反転して外陰部から脱出した状態をいう（写真45）。難産に伴う強いいきみや強引に胎子を引き出すことによって加わる力が発生の原因となる。

脱出部を温水で希釈した消毒液で洗い、腹腔内に押し戻したうえで抗生剤を投与する。再発を防止するため、外陰部を縫合することが多いので発生した場合は獣医師に連絡した方がよい。

⑤後産停滞：分娩後に胎盤が子宮から剥離せず、数日経過しても排出されない場合があり、胎盤の一部が外陰部から垂れ下がり、悪臭のある悪露の排出によって気づくことが多い。放置すると子宮炎を起こして発熱や食欲不振を呈することもある。その場合、母乳量が減少し、子羊の発育にも影響するので、早めに獣医師に連絡して処置してもらった方がよい。治療法としてはホルモン処置による胎盤および悪露の排出と抗生剤の投与が基本であるが、可能であれば子宮洗浄を行なうこともある。

⑥乳房炎：乳房や乳頭の傷などから細菌が感染して炎症を起こす。乳汁が水様で固形物が混じる、あるいは膿状に変化し、乳房が硬く腫れることもある。搾乳を行なって抗生剤の投与や乳房への湿布などによって治療するが、乳房炎の乳汁を子羊に飲ませることはできないので、人工哺乳などの対策も必要となる。

子羊に多い病気

①下痢：母乳や代用乳の異常、不適切な人工哺乳で消化不良を起こす場合やコクシジウムの感染によ

ることが多い。前者の場合は母乳や代用乳の点検と哺乳方法の見直しを行なうとともに、子羊に対して整腸剤や生菌剤の投与を行なう。脱水症状が見られる場合にはブドウ糖やスポーツドリンクなどの電解質液を経口投与する。コクシジウムの場合は糞便検査による確認が必要であるがトルトラズリル製剤やサルファ剤の投与によって駆虫を行なう。

また、発熱を伴う集団発生では細菌やウイルスの感染が疑われるため、獣医師の診断が必要となる。

②**臍帯炎**：臍帯は通常、生まれて数日間で乾燥して萎縮するが、母羊が子羊の臍帯部を舐めるなどして臍帯が湿った状態になると細菌感染によって炎症が起こり、化膿することもある。臍帯とその周辺を消毒薬で消毒し、ヨードチンキを塗って乾燥させるが、化膿している場合には抗生剤の投与が必要である。

③**エンテロトキセミア（出血性腸炎）**：クロストリジウム属菌の毒素による急性致死性の病気である。クロストリジウムは腸内の常在菌であり、少数であれば問題はないが、飼料の急変や過食が発症の引き金となる。固形飼料の採食量が増えたときに発育良好な子羊が突然死することがあり、治療を行なう余裕はないが、クリープフィーディングや肥育群の中で子羊の発育に大きな差が生じないように群分けを行ない、過食や食い負けが起こらないようにすることが予防法のひとつである。

④**眼瞼内反**：まぶたが反転してまつ毛で眼球を刺激して炎症を起こす。まぶたを上下に引っ張り、外側に反転させるだけで治る場合もあるが、症状が重い場合には反転しているまぶたの皮膚を三日月状

に傷つけると傷口が治る際に皮膚が引っ張られて正常な状態に修復される（図57）。眼球の炎症にはホウ酸水で洗浄と抗生剤入りの目薬の点眼を行なう。

眼瞼内反は遺伝病であるため、今後の交配計画の参考になるよう、発生があった場合には血統を確認しておいた方がよい。

⑤突球：生まれつき球節が屈折した突球も遺伝病のひとつである。添え木を当てて固定する方法もあるが、図58のように幅１㎝程度のテープを巻きつけることでも矯正することができる。

⑥尿石症：濃厚飼料の多給による飼料中のリンの過剰やカルシウムとリンのアンバランスが原因で腎

図57　眼瞼内反の処置

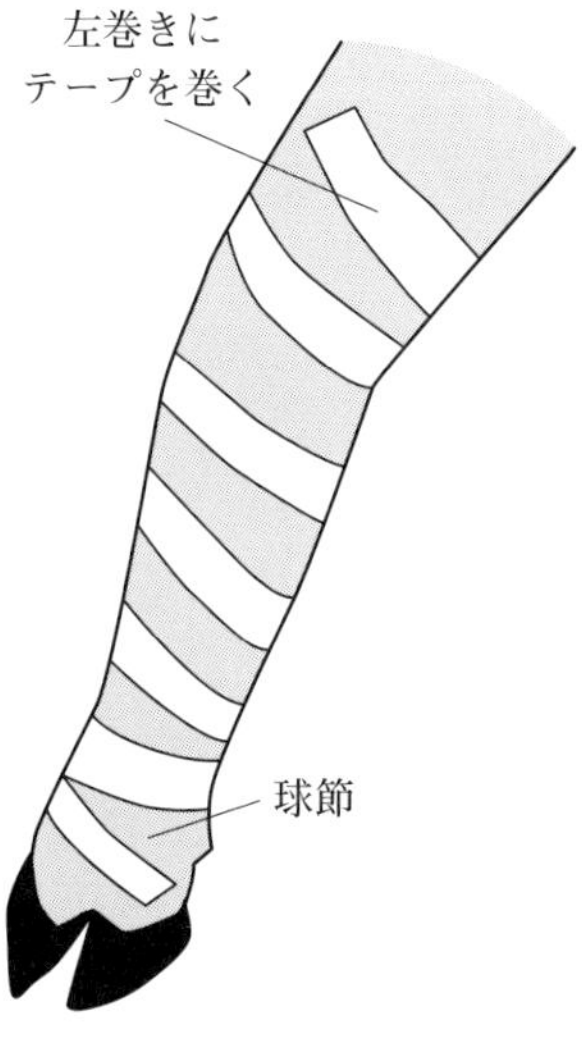

図58　突球の処置

臓や膀胱に結石を生じる。雄羊や去勢羊に発生しやすい。尿道に結石が詰まって排尿困難となり、尿毒症や膀胱破裂を起こす危険がある。背中を丸めて腹痛を訴えるような症状が見られ、包皮の先端に結石を確認できることもある。

濃厚飼料の給与量を減らして水を十分に与え、カルシウムとリンのバランスを2：1になるように飼料の見直しを行なう。

監視伝染病

経済的な損失が大きく、人への影響が大きい家畜の伝染病は家畜伝染病予防法により、監視伝染病として定められている。監視伝染病は畜産業への影響や被害が特に大きい家畜伝染病（法定伝染病）と被害の比較的小さい届出伝染病に大別される（表22）。これらの病気の発生が疑われる場合には家畜保健衛生所に通報して検査を行ない、家畜伝染病と診断された場合は、隔離や殺処分などの防疫措置が必要となる。

①口蹄疫：口蹄疫ウイルスの感染によって口や鼻、舌、蹄などに水疱やびらんが生じる。非常に伝染力が強く、病気の進行も早く経済的損失も大きいので、感染が拡大しないよう移動制限が行なわれ、患畜および疑似患畜（患畜と同居していた家畜および疫学的関連のある家畜）は全て淘汰される。

国内では2010年に宮崎県で大規模な発生があったが、その後は発生していない。しかし、近隣のアジア諸国では続発しているため、飼養衛生管理基準に基づいた防疫対策を行なうとともに、海外

表22－1　ヒツジの監視伝染病〈家畜伝染病（法定伝染病）〉

伝染病の種類	病原体	主な症状
牛疫	牛疫ウイルス	高熱，下痢，口またはその周辺にびらん
口蹄疫	口蹄疫ウイルス	高熱，鼻汁，口や蹄冠部にびらん
流行性脳炎	日本脳炎ウイルス	死・流産，神経症状など
狂犬病	狂犬病ウイルス	神経症状（急性致死性の人畜共通伝染病）
リフトバレー熱	リフトバレー熱ウイルス	発熱，嘔吐，流産（人畜共通伝染病）
炭疽	炭疽菌	突然の発熱，急性敗血症（人畜共通伝染病）
出血性敗血症	特定のパスツレラ菌	急死（人畜共通伝染病）
ブルセラ病	特定のブルセラ菌	死・流産，乳汁に菌を排出（人畜共通伝染病）
ヨーネ病	ヨーネ菌	慢性腸炎，下痢
伝達性海綿状脳症	異常プリオン	神経症状，脳がスポンジ状

での発生状況にも注意しておくことが大切である。

②スクレイピー（伝達性海綿状脳症）：異常プリオンタンパク質によって脳細胞が変成し、神経症状や運動障害を生じる。患畜との同居や、異常プリオンタンパク質を含む飼料を摂取することにより感染する。現在、北海道においてはPrP遺伝子型を検査することにより、スクレイピーに抵抗性のあるヒツジ群の造成に取り組んでいる。

これとは別に、老齢のヒツジに自然発生する非定型スクレイピーがあり、同居していても伝染することはないが、発生させないためには適切な群れの更新を行ない、高齢のものは淘汰す

表22－2　ヒツジの監視伝染病〈届出伝染病〉

伝染病の種類	病原体	主な症状
類鼻疽	類鼻疽菌	肺炎,乳房炎,神経症状など(人畜共通伝染病)
気腫疽	気腫疽菌	胸部，臀部，四肢に気腫・腫瘤
ブルータング	ブルータングウイルス	発熱，流産，奇形子出産，口腔粘膜の潰瘍など，チアノーゼ
アカバネ病	アカバネウイルス	流行性の早・死産，奇形子出産
悪性カタール熱	ヘルペスウイルス	発熱，角膜の混濁，神経症状，ヒツジでは無症状
野兎病	野兎病菌	発熱，下痢，敗血症など(人畜共通伝染病)
トキソプラズマ	トキソプラズマ・ゴンディ	発熱，チアノーゼなど(人畜共通伝染病)
小反芻獣疫	小反芻獣疫ウイルス	発熱，貧血，下痢
伝染性膿疱性皮膚炎	オルフウイルス	口唇部，乳頭に丘疹，膿瘍，潰瘍
ナイロビ羊病	ナイロビ羊病ウイルス	発熱，出血性腸炎，流産など
伝染性無乳病	特定のマイコプラズマ	発熱，乳房炎，関節炎，角膜炎
羊痘	羊痘ウイルス	全身性発疹
マエディ・ビスナ	マエディ・ビスナウイルス	歩行異常，唇や顔面の振戦
流行性羊流産	特定のクラミジア菌	流・死産など
かいせん	ヒツジキュウセンヒゼンダニ	激しい痒覚，貧血，浮腫

べきである。

③ヨーネ病：ヨーネ菌の感染による慢性的な腸炎で腸管からの栄養の吸収が阻害されて栄養失調に陥る。ヒツジでの発生は少ないが、ウシでは毎年多数の発生が報告されている。

感染畜の糞中に排出されたヨーネ菌によって感染が拡大するため、他の農場を訪れる際には衣類や長靴の交換と消毒を徹底するとともに、自分の農場に入る際も同様の措置を行なうことがヨーネ菌の侵入を防ぐことになる。

④伝染性膿疱性皮膚炎：オルフウイルスの感染により口唇部に水疱や膿瘍を生じる。クリープフィーディングを開始した頃の子羊に発生することが多いが、母乳の吸飲のため、母羊にも伝染する。

かさぶたの除去とイソジンの塗布によって症状は改善するが、口蹄疫の初期症状に類似しており、届出伝染病に指定されているため、発生した場合には最寄りの家畜保健衛生所に届け出なければならない。

⑤マエディ・ビスナ：マエディ・ビスナウイルスの感染による発咳や肺炎などの呼吸器症状を主体とする病気であり、数カ月の経過で呼吸困難で死亡する。また、乳房炎や脳脊髄炎を起こすこともある。

これまで日本は清浄国と考えられていたが、２０１２年に国内での発生が確認されている。

8　肥育の実際

(1)　羊肉の種類

羊肉には大きく分けてラム肉とマトンがある。ラム肉は生後1年未満の子羊の肉のことであるが、出荷する時期や生産方式によって名称が違い、ミルクラム、スプリングラム、放牧仕上げラム、舎飼い仕上げラムなどがある（図59）。ミルクラムは本来ミルクだけで育てた生後2カ月未満で屠畜された子羊肉のことであるが、離乳前に屠畜されるスプリングラムを含める場合もある。いずれにしても両者は哺育期間中の子羊であることから、あまり肥育という概念はないが、サフォーク種の場合、クリープフィーディングでの固形飼料の馴致が十分であれば2カ月齢で25kg、4カ月齢で40～45kg程度に仕上げることができる。

ミルクラムやスプリングラムはレストランなどで珍重されており、単価が高く収益性はあるが、発育が良好なものから出荷してしまう傾向があるので、後継羊として残すべき優秀な子羊を販売してしまわないよう、出荷する子羊の選定は慎重に行なわなければならない。

一方、マトンは1才以上の成羊肉のことであるが、その中でも繁殖に用いていない2才未満の肉を

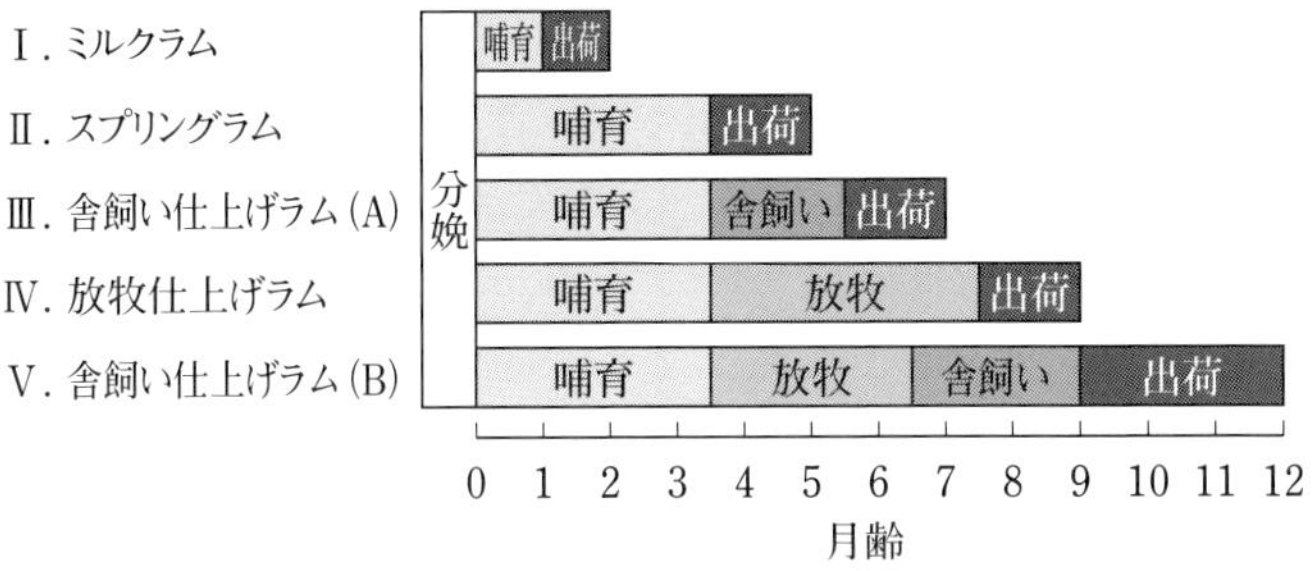

図59　ラム肉の生産方式

ホゲットと呼ぶこともある。

(2) 各生産方式によるラム肉生産

舎飼い仕上げラム (A)

離乳後、放牧には出さずに舎内で6～7カ月齢まで濃厚飼料を多給して肥育し、仕上げ体重を55～60kg程度とする。濃厚飼料の給与量は体重の2・5%を目安とし、体重の増加に給与量を増加する。つまり、体重40kgのときには1・0kg、50kgでは1・25kgの濃厚飼料を給与し、乾牧草については自由採食とし、十分に水を与えることと、カルシウムとリンの量とバランスに注意が必要である。

放牧仕上げラム

離乳後、7～8カ月齢まで放牧管理によって仕上げる方法である。十分な草地がある場合には飼料費を節減できる有利な仕上げ方法といえるが、濃厚飼料多給型に比べて1日当たりの増体量が少なくなるので、飼育期間も長くなる。

枝肉は脂肪の付着が少なく、消化管内要物の重量が多くなるので

表23　舎飼い仕上げと放牧仕上げの枝肉成績の比較

仕上げ方式		舎飼い仕上げ	放牧仕上げ
仕上げ体重（絶食前体重）（kg）		51.5	51.1
枝肉重量（kg）		22.0	20.9
枝肉歩留り（%）		42.7	40.9
ロース芯断面積（cm^2）		12.9	12.9
背脂肪厚（mm）		3.8	2.3
肋上脂肪厚（mm）		11.9	6.5
枝肉構成重量（kg）	赤肉	14.2	13.7
	脂肪	3.4	2.2
	皮下脂肪	2.8	1.7
	腎臓周囲脂肪	0.5	0.5
	骨	4.4	4.9
枝肉構成比（%）	赤肉	64.4	65.6
	ショルダー	19.0	18.3
	ロース	13.8	13.8
	バラ	11.3	11.3
	モモ	20.4	22.2
	脂肪	15.2	10.4
	皮下脂肪	12.8	8.2
	腎臓周囲脂肪	2.3	2.2
	骨	19.9	23.4

注　サフォークランド士別プロジェクト『羊の飼養マニュアル』，2009より

枝肉歩留りも低めである（表23）。

放牧管理で肥育を行なうためには、栄養価の高い牧草を十分に食べさせる必要があり、牧区のローテーションや転牧後の掃除刈りなど、草地の状態を良好に保つためのきめ細かい草地管理や、放牧期に多発する内部寄生虫駆除も適切に行なう必要がある。また、草地の状況によっては放牧をしながら

表24　肥育開始月齢と肥育期間の違いによる増体成績

肥育開始月齢	４カ月齢		６カ月齢		８カ月齢	
肥育期間	２カ月	３カ月	２カ月	３カ月	２カ月	３カ月
肥育期間（日）	63	91	56	84	56	84
肥育開始体重（kg）	39.3	37.7	41.0	42.8	51.5	47.5
飼育終了体重（kg）	54.3	59.7	55.8	63.7	66.1	70.6
日増体量（kg）	0.24	0.24	0.26	0.25	0.26	0.28

注　サフォークランド士別プロジェクト『羊の飼養マニュアル』，2009より

濃厚飼料を給与する必要もある。

なお、放牧仕上げでは第１胃内でアミノ酸（トリプトファン）が分解される過程で生成されるインドールやスカトールが脂肪に沈着し、いわゆる「放牧臭」が発生する。特にマメ科牧草の多い草地で臭いが強くなるといわれている。

舎飼い仕上げラム（B）

離乳後に放牧管理を行なったうえで６～７カ月齢から舎内で濃厚飼料を給与して肥育する方法であり、仕上げ体重は65～70kg程度となる。

表24には、４カ月齢、６カ月齢および８カ月齢から２カ月または３カ月間の肥育を行なった場合の増体成績を示した。いずれも体重比２・５％の濃厚飼料を給与した場合の成績であるが、肥育開始月齢や肥育期間にかかわらず１日当たり０・25kg程度の増体量が得られており、体重が大きくても増体量に大きな変化がないことが分かる。

ホゲットとマトン

１才で出荷するホゲットは舎飼い仕上げ（B）の肥育期間を延長した生産方式であり、８カ月齢頃から肥育を開始する。

また、マトンについては通常、繁殖に使えなくなった雌羊を肥育することが多いが、あまり高齢のものは肉がつきにくくマトン臭も強くなるため、乳房炎など肉生産に影響しない理由で繁殖に使えなくなった比較的若い雌羊を用いた方がよい。

9　毛刈り

(1)　毛刈りの目的

毛刈りは他の家畜管理にはないヒツジ特有の管理作業である。その目的は羊毛の収穫であるが、気温の上昇に伴う健康管理の一面もあり、通常は春に行なわれる。また、食肉として出荷する際に、屠畜解体作業の過程で羊毛に付着した細菌によって枝肉を汚染することがないように、事前に毛刈りを行なっておくことも求められるため、ヒツジの飼育者は、その技術を身につけておく必要がある。

毛刈りの技術を習得するためには、とにかく実際に体験してみることである。最初は熟練者の指導を受けて、安全で効率的な作業手順やさまざまな姿勢でヒツジを保定する技術とコツを学ぶべきである。

(2) 毛刈りの準備と注意点

毛刈りに先立って、使用するバリカンやハサミを点検し、皮膚を傷つけたときに消毒を行なうためのヨードチンキを用意しておく。

ヒツジが満腹の状態だと保定の際に苦しがって暴れるため、毛刈りの当日はヒツジに飼料を与えない。また、ヒツジの体表についたワラ屑やゴミは毛刈り前に払い落としておき、毛刈りを行なう場所もきれいに掃除をしておく。

毛刈りの際に、万が一皮膚を傷つけた場合には終了後すぐにヨードチンキで傷口を消毒しておく。これは乾酪性リンパ節炎の予防として重要なことである。また、その病気が広がらないようにするためには、年齢の若いヒツジから毛刈りを行なうことも大切である。

(3) 毛刈りの手順

毛刈りにはバリカン（写真46）を使う方法とハサミ（写真47）を使う方法があり、どちらも作業手順に大きな違いはない。最近はバリカンによる毛刈りが主流であり、ハサミを使う人は少ないが、毛刈りの頭数が少ないのであれば高価なバリカンを買わなくてもハサミで十分である。

毛刈りの手順を図60に示した。

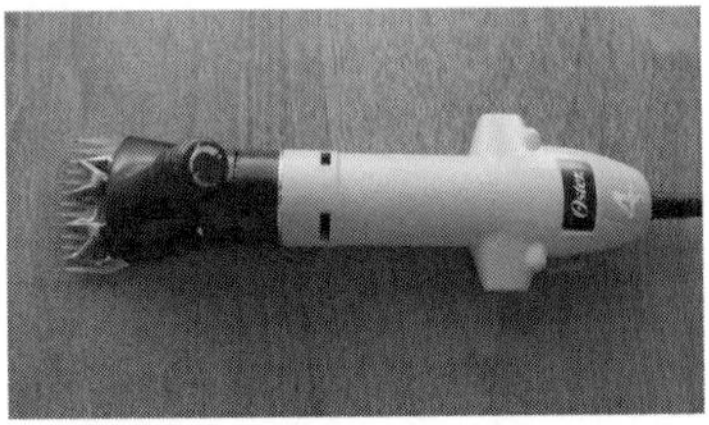

写真46　毛刈り用バリカン

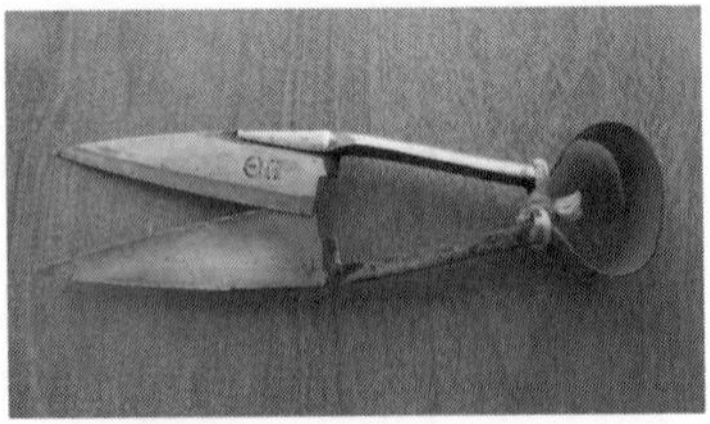

写真47　毛刈りバサミ

写真48　ヒツジの倒し方

①胸と腹を刈る

まず写真48のようにヒツジの首をひねって倒し、ヒツジを座らせた姿勢で背中を両膝で軽くはさむように保定し、胸と腹を刈る。このとき、乳頭や雄の包皮を傷つけないように注意する。

②内股を刈る

そのままの姿勢で内股を刈るが、雌の場合は陰唇の位置をよく確認し、傷つけないよう注意する。また、雄の陰嚢は刈らなくてもよい。

③左外腿を刈る

ヒツジの左体側が少し上向きになるように保定し、脚先から尻に向かって左外腿を刈る。ヒツジが脚を曲げて刈りづらいときはヒツジの膝を押し込むとまっすぐに伸ばすことができる。

④左尻を刈る

ヒツジの左後肢を押さえて少し寝かせるような体勢で尻の左側を刈る。

⑤首の左側を刈る

ヒツジの右側から両足の間に保定し、顎を押さえて首の皮膚を伸ばしながら胸から頭顎に向かって首の左側を刈る。

⑥左肩を刈る

ヒツジの体を少し寄せて、左手で皮膚を引っ張りながら左の肩を刈る。

⑦左体側を刈る

ヒツジの左体側を上にして寝かせ、尻から肩および首に向かって左体側を刈る。このとき、左足の甲をヒツジの肩の下に挿入しておくと、ヒツジは立つことができない。

⑧背中と首の上を刈る

左手でヒツジの頭を押さえながら、背中から首の上にかけて背線を越えるところまで刈る。

⑨首の右側を刈る

右足をヒツジの背中側に移動して両足の間にヒツジを保定し、頭を引き起こして首の右側を刈る。

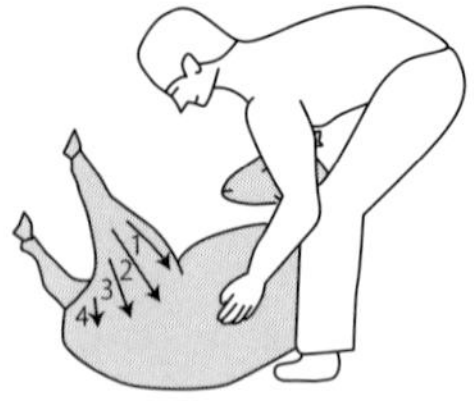

③左外腿を刈る

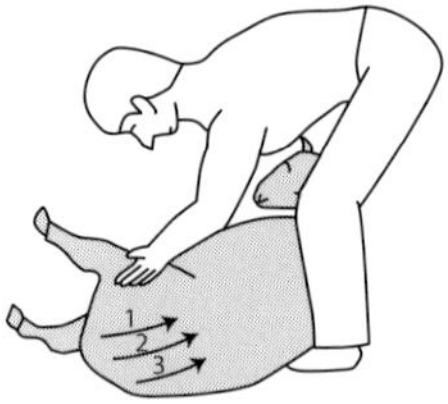

④左尻を刈る

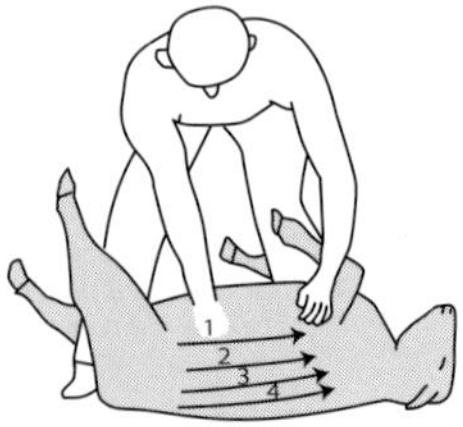

⑦左体側を刈る

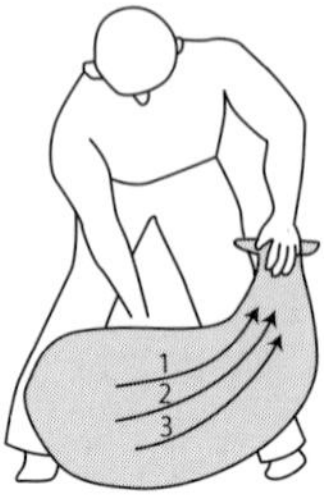

⑧背中と首の上を刈る

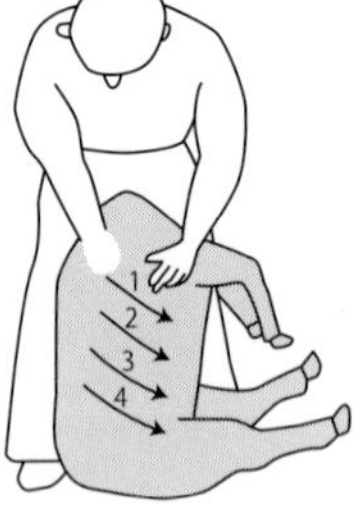

⑪右体側を刈る

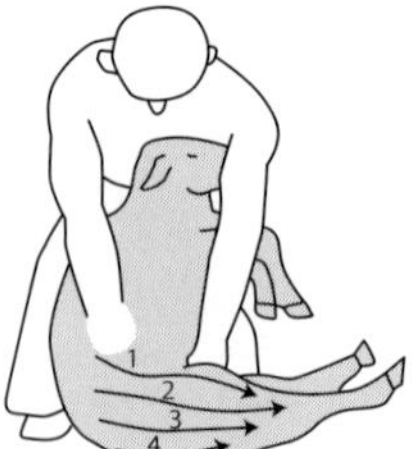

⑫右の尻と外腿を刈る

の手順

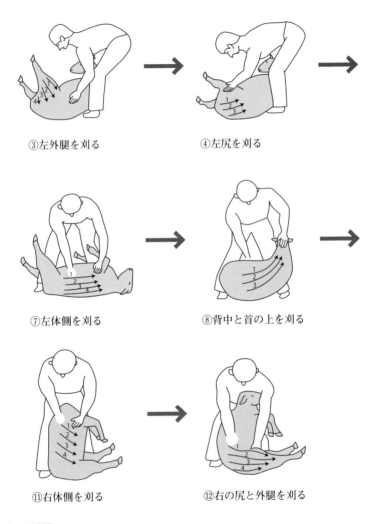

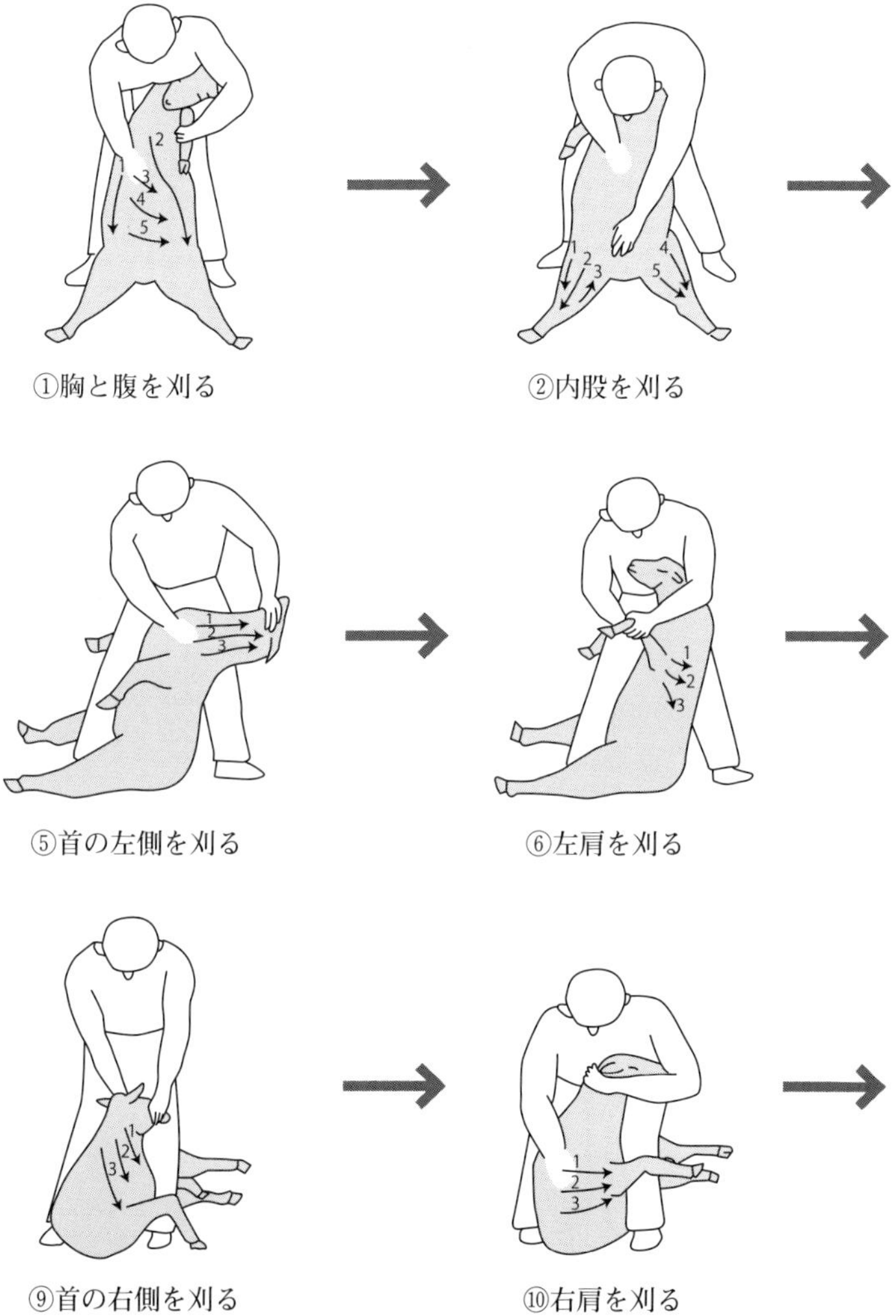
①胸と腹を刈る
②内股を刈る
⑤首の左側を刈る
⑥左肩を刈る
⑨首の右側を刈る
⑩右肩を刈る

図60　毛刈り

⑩右肩を刈る
ヒツジの頭を抱えて体を引き起こし、右の肩を刈る。
⑪右体側を刈る
さらにヒツジの体を引き起こして首を股の間に保定し、右体側が弧を描くような姿勢で右体側を刈る。このとき、斜め下方向に刈り進めると楽である。
⑫右の尻と外腿を刈る
ヒツジの首を股から抜き、左体側を膝にもたせ掛けるようにして少しずつ後方に移動しながら右側の尻と外腿を刈って終了する。

(4) 羊毛の取り扱い

スカーディング

手順どおりに毛刈りを行なえば、羊毛は1枚の毛皮のようにつながっている。これをフリースという。刈り取ったばかりのフリースには細かい牧草や牧草の種などのゴミが混ざり、あるいは糞尿で汚れている部分もあるため、そのまま保管すると全体に汚れが回ってしまう。このため、刈り取った羊毛をすのこや金網を張った台の上に広げてゴミや汚れた部分取り除く。この作業をスカーディングという。

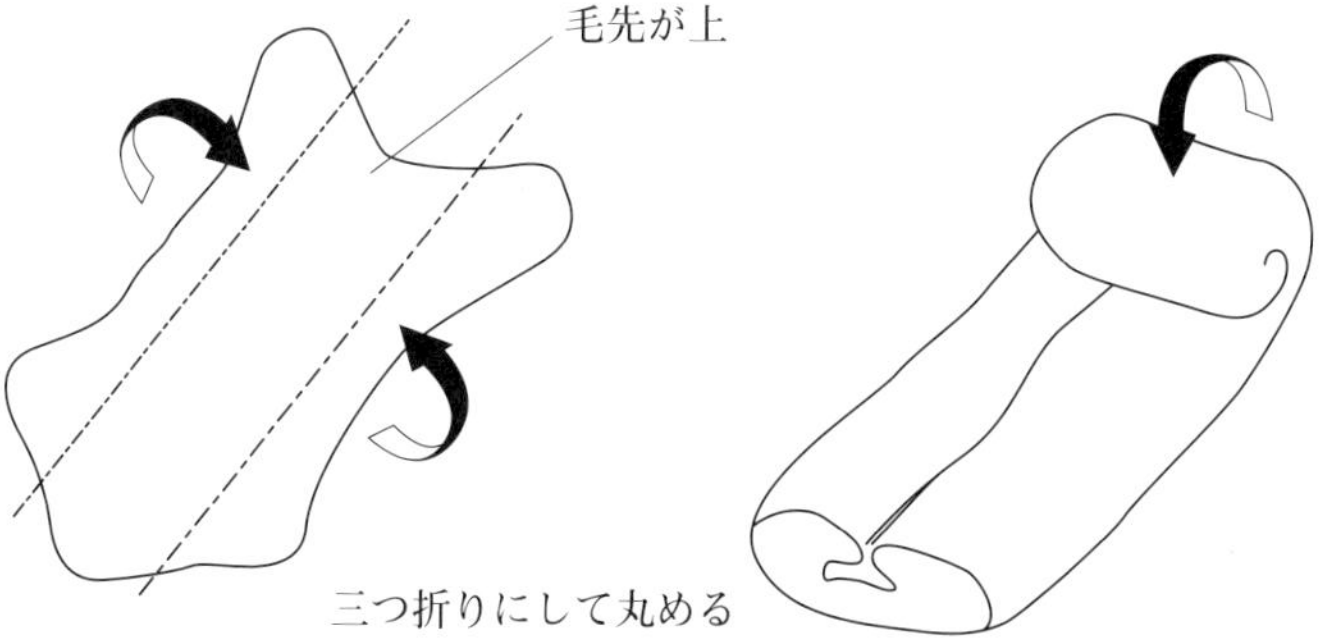

図61　フリースのたたみ方

フリースの保管

羊毛の状態や品質は個体によって異なり、また1頭のフリースでも部位によって毛質に違いがあるため、後で選別ができるように個体ごとのフリースが分かるように保管しておくことが望まれる。

スカーディングを終えたフリースは、すぐに使ったり販売したりしないのであれば、図61のように三つ折りにして丸め、湿気らないように布袋や紙袋などに入れて乾燥した場所に保管しておく。フリースに湿気は禁物である。

第5章 羊肉の利用・羊毛の利用

1　利用形態

ジンギスカン料理が主流であった時代には羊肉はもっぱら薄切り肉として販売されていたが、現在は骨つきのラムチョップや各部位別のブロック肉での流通が増えており、枝肉を丸ごと販売する事例もある。これは、脂肪燃焼効果のあるカルニチンがブームとなり、一般消費者の羊肉に対する見方が変化し、それに伴って羊肉の料理法が多様化したためと考えられる。

以前はジンギスカン以外の羊肉料理は一部のレストランでしか食べることができなかったが、最近では多くのレストランで羊肉料理が提供されるようになった。また、一般家庭においてもラム肉のステーキやカレー、シチューなどで食べることが多くなり、野外でのバーベキューでブロック肉を焼いている光景も見られるようになった（写真49）。

写真49　ブロック肉を焼いている様子

2　部位と利用法

枝肉は一般に12肋骨と13肋骨の間で切り分け、さらに図62のように分割されるが、腿（ロングレッグ）はさらにランプ（尻の部分）とレッグに分けることもある。

部位によって肉質が異なるため、それぞれの特徴に合った調理を行なうことがおいしく食べるための基本である。たとえば前肢（フォアシャンク）やすね（シャンク）、首（ネック）の部分はスジが多く硬いため、煮込み料理に向いている。また、胸（ブレスト）は脂肪が多く厚みのない肉であるため、網焼きや炒め物に向いている。ロールにして煮込むか、詰め物をしてローストするのもよい。背（ラック）や腰（ショートロイン）などの高級な部位はレストランなどでよく使われるが、他の部位も無駄なく利用したいものである。

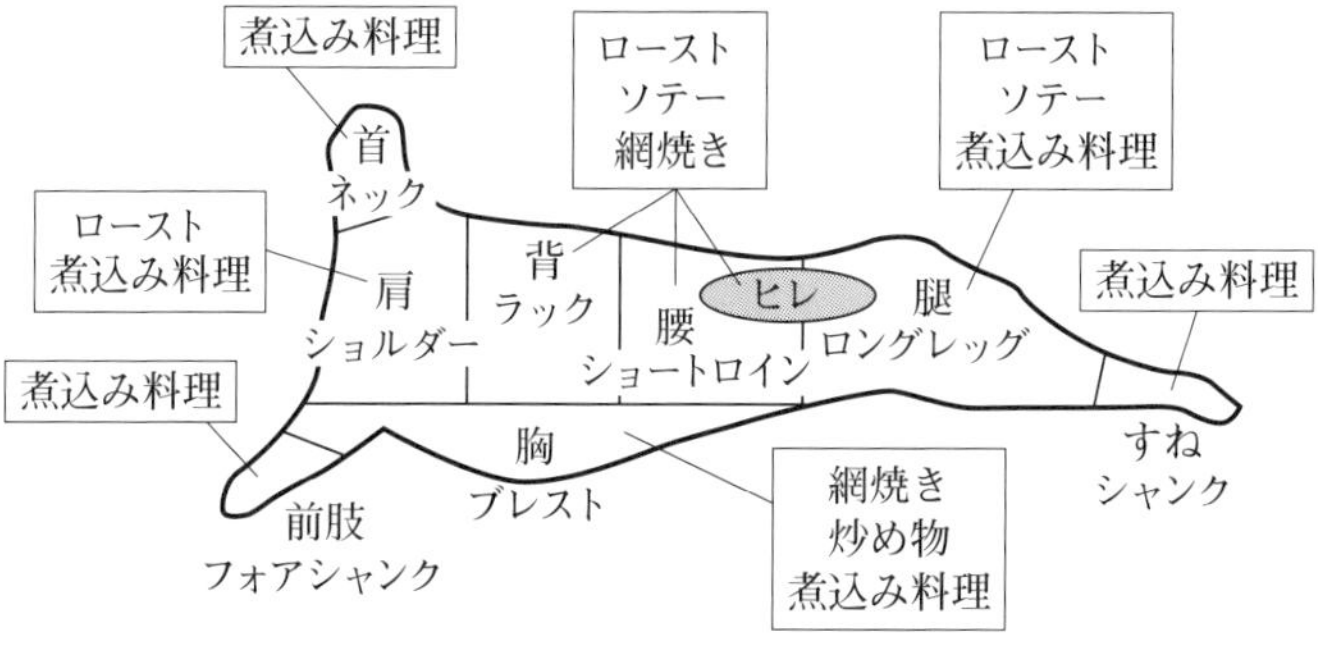

図62　枝肉の分割と各部位の用途

3　羊肉販売の方法

羊肉には他の畜肉のように決まった流通経路はなく、生産者自身がそれぞれ独自に販路を開拓している。このことは生産者の顔が見える高級食材として国産羊肉の価値を高めることにつながっている。

主な販売方法としては、インターネットなどで一般消費者に直接販売するか、首都圏のレストランやホテルなどに直接、または食材業者を通じて販売していることが多いが、最近では生産者自らが経営するレストランで料理を提供する、6次産業の形態も見られる（図63）。

国産羊肉の需要が高まっている現在、とりあえずの販売先を探すことは以前ほど難しいことではないかもしれないが、長期にわたって安定した販路を確保するためには、作る側と使う側の信頼関係が必要であり、安定的に良質の羊肉を生産することを第一に考えなければならない。また、販売する量も農場の生産力だけではなく、屠畜場の受入れ態勢によって制約を受ける場合があるので、近隣の屠畜場の状況を調べておく必要がある。

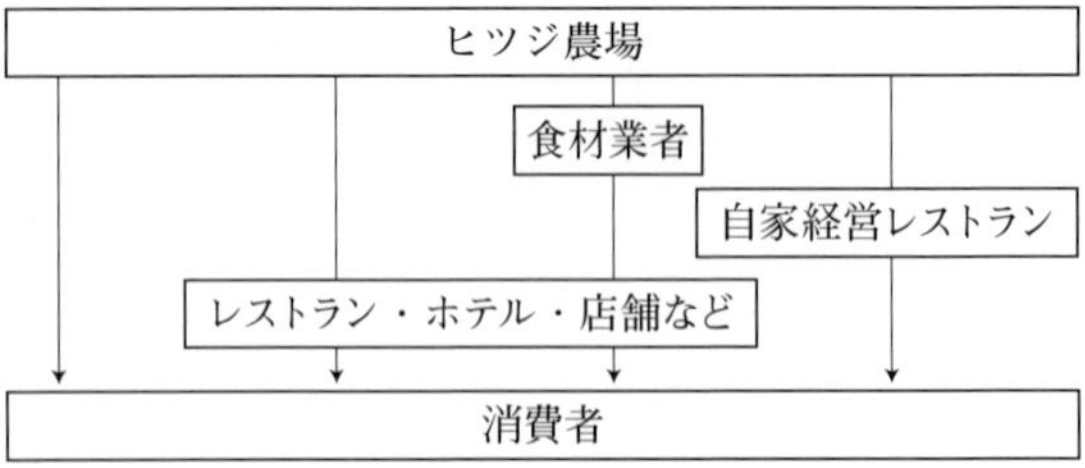

図63　国産羊肉の主な流通経路

4　羊毛の処理

(1)　ソーティング

ソーティングは、スカーディングを行なったフリースを使用目的に応じて太さや品質によって選別する作業である。

図64にフリースの部位と部位ごとの毛質の特徴を示したが、一般に羊毛の太さは肩の部分が最も細く、後ろにいくほど太くなる傾向がある。

(2)　羊毛の洗い方

羊毛から製品を作るためには、まず羊毛を洗う必要がある。サフォークの羊毛は比

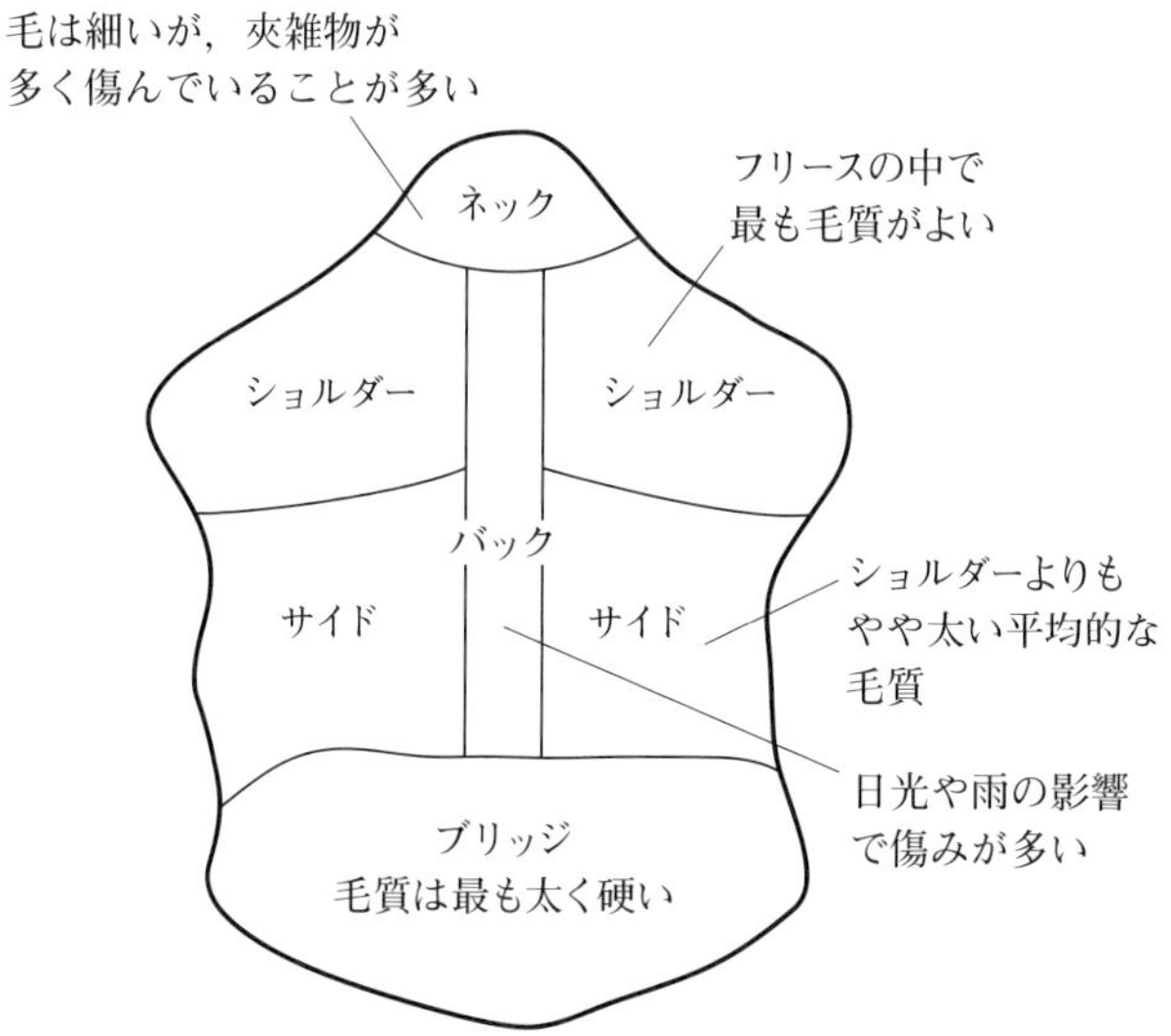

図64　フリースの部位と毛質

較的簡単に洗うことができるが、細い羊毛ほど洗う際にダメージを受けやすく、手荒に扱うとフェルト化して利用できなくなることもあるので、慎重に行なわなければならない。

洗う羊毛は、予めスカーディングやソーティングを行なっておく。

羊毛を洗う道具

羊毛を洗うために用意する道具は、洗い桶となる大きめのタライやベビーバスなど、羊毛を脱水するための洗濯機、洗濯ネットおよびザルなどと、羊毛を乾かすときに用いる乾燥台（スカーディングに用いる金網を張った台や網戸、すだれなど）である。

また、洗剤には「モノゲン」や「アクロン」、「エキセリン」など、ウール用洗剤を用いる。

洗いの基本的な手順

羊毛の洗い方は、ヒツジの品種や汚れ具合、あるいは毛脂をどの程度落とすかによって洗う水の温度や洗剤の濃度を変える必要があるが、基本的な手順は同じで、①予洗い、②本洗い、③つまみ洗い、④すすぎ、⑤乾燥の順で行なう。

①予洗い

羊毛重量の30～40倍の温湯（40～60℃）に羊毛を1時間程度浸して余分な毛脂を落とす。このとき、羊毛を押したり揉んだりしないこと。その後ザルに上げて水を切り、洗濯機で軽く脱水する。

②本洗い
予洗いのときと同じ量の温湯に5～10％の洗剤を溶かし、再び羊毛を1時間程度漬け込んだ後、ザルに上げて洗濯機で脱水する。
③つまみ洗い
40℃程度の温湯に洗剤を溶かして羊毛を浸し、毛先の汚れを指でつまみ洗いする。このとき、洗剤液の中で羊毛をかき回したり揉んだりするとフェルト化するので、汚れている部分だけを静かにつまみ洗いする。
④すすぎ
30～40℃の温湯で羊毛を2回すすいで洗剤を洗い流した後、洗濯機で脱水する。このときも羊毛を押したり揉んだりしないこと。
⑤乾燥
脱水した羊毛をほぐし、網戸やすだれなど水切りができるものに広げて乾燥させる。

洗いが完了した羊毛は、櫛（写真50）で梳いて羊毛の繊維を揃えるコーミングやハンドカーダー（写真51）またはドラムカーダー（写真52）で羊毛をワタ状にするカーディングを行なった後、紡いで糸にするかフェルトに加工することになるが、羊毛の加工や利用方法については、スピナッツ出版の『羊の本』（編著者：本出ますみ）に詳しく記載されており、非常に参考になると思われるので、紹介しておきたい。

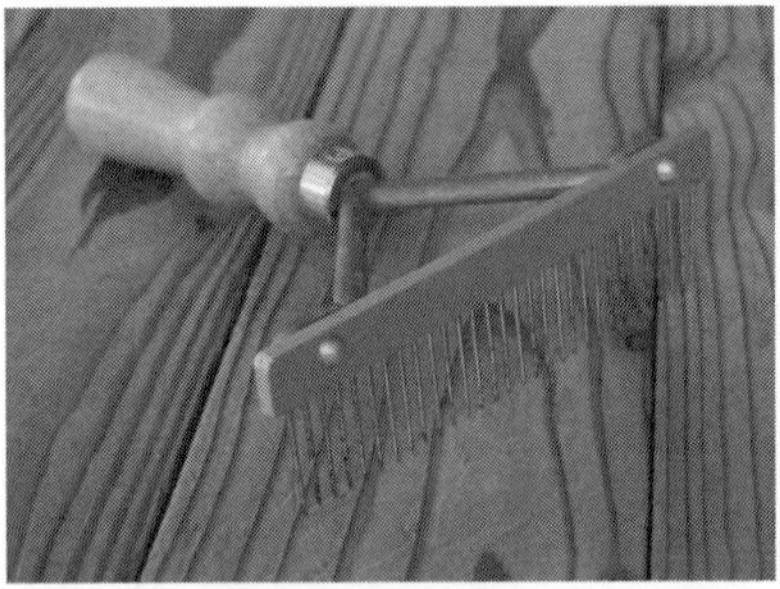

写真50　櫛（コーム）

写真51　ハンドカーダー

写真52　ドラムカーダー

5　羊毛販売の方法

国内で生産された羊毛は産業として利用されておらず、流通経路は存在しない。生産された羊毛の一部は羊毛愛好家に販売されたり、観光牧場などで土産物や羊毛加工体験で利用されたりしているが、全体の量から見ればごくわずかである。毎年労力をかけて刈り取られる羊毛の大半が廃棄されているのは残念なことであるが、国産羊毛は夾雑物が多くて汚れがひどく、品質の評価が低いものが多いことも事実である。その理由は、舎内での飼料の採食時に飼料の屑が羊毛に刺さり込み、あるいは冬期間に舎内が結露して湿った埃などが付着するからである。

刈り取られた羊毛の全てを販売することは難しいが、国産羊毛の利用価値を高めるためには、ヒツジの管理方法を工夫して羊毛の品質を向上させる努力も必要である。そして、何よりも大切なことは、羊毛を使って作品作りに取り組んでいる人たちとの連携を密にすることである。

■ヒツジ代用乳に関する問い合わせ先

くみあい飼料株式会社
　JA 全農北日本くみあい飼料（TEL 022-792-8040）
　JA 東日本くみあい飼料（TEL 0276-40-5570）
　JA 西日本くみあい飼料（TEL 078-811-1734）
　ジェイエイ北九州くみあい飼料（TEL 092-713-1562）
　全農畜産生産部推進・商品開発課（TEL 03-6271-8236）
　＊北海道地区は最寄りの JA

中部飼料株式会社
　北海道工場（北海道苫小牧市：TEL 0144-35-5511）
　帯広営業所（北海道帯広市：TEL 0155-20-2520）
　八戸工場（青森県八戸市：TEL 0178-20-1300）
　南東北営業所（宮城県大崎市：TEL 0229-91-0318）
　鹿島工場（茨城県神栖市：TEL 0299-92-5557）
　知多工場（愛知県知多市：TEL 0562-33-3571）
　水島工場（岡山県倉敷市：TEL 086-447-5511）
　志布志工場（鹿児島県志布志市：TEL 099-473-3544）

付：ヒツジに関する各種問い合わせ先

■飼養管理技術等に関する問い合わせ先

独立行政法人家畜改良センター 十勝牧場
〒080-0572　北海道河東郡音更町駒場並木 8-1
地方独立行政法人北海道立総合研究機構農業研究本部畜産試験場
〒081-0038　北海道上川郡新得町字新得西 5 線 39

■ヒツジの登録・各種情報に関する問い合わせ先

公益社団法人畜産技術協会 技術普及部緬山羊振興担当
〒113-0034　東京都文京区湯島 3-20-9

■ PrP 遺伝子型検査に関する問い合わせ先

有限会社ジャパン・ラム
〒720-2111　広島県福山市神辺町上御領 1711-6（本社）
〒080-0344　北海道河東郡音更町字万年西 1 線 27-2（北海道牧場）

■羊毛に関する問い合わせ先

SPINNUTS（スピナッツ）
〒603-8344　京都府京都市北区等持院南町 46-6

■放牧柵・飼育管理器材に関する問い合わせ先

サージミヤワキ株式会社
〒141-0022　東京都品川区東五反田 1-19-2（東京本社）
〒061-0213　北海道石狩郡当別町字東裏 1338-10（札幌営業所）
ファームエイジ株式会社
〒061-0212　北海道石狩郡当別町字金沢 166-8

著者略歴

河野　博英（こうの　ひろひで）

1957年、大阪市生まれ。1978年、広島農業短期大学卒業。農林水産省岩手種畜牧場入省。乳用牛の担当を経て1981年からヒツジを担当。以後、岩手種畜牧場および十勝種畜牧場（現家畜改良センター十勝牧場）でヒツジの改良業務および試験研究業務に従事。1995年、優秀畜産技術者賞受賞。2018年、家畜改良センター十勝牧場を次長で退職。

現在、有限会社ジャパン・ラム顧問。日本緬羊研究会副会長。北海道めん羊協議会顧問。

【著書】

『まるごと楽しむひつじ百科』（共著・農文協）、『めん羊・山羊技術ガイドブック』（共著・日本緬羊協会）、『畜産総合事典』（共著・朝倉書店）、『めん羊・山羊　飼育のすべて』（共著・畜産技術協会）、『新版特用畜産ハンドブック』（共著・畜産技術協会）、『羊の飼養マニュアル』（共著・サフォークランド士別プロジェクト）、『ヒツジの科学』（共著・朝倉書店）、『生活工芸大百科』（共著・農文協）など

◆新特産シリーズ◆
ヒツジ――飼い方・楽しみ方

2019年 3 月15日　第 1 刷発行

著者　河野　博英

発行所　一般社団法人　農山漁村文化協会
郵便番号　107-8668　東京都港区赤坂7丁目6－1
電話　03（3585）1142（営業）　03（3585）1147（編集）
FAX　03（3585）3668　　振替　00120－3－144478
URL http://www.ruralnet.or.jp/

ISBN978-4-540-18123-8　　製作／(株)農文協プロダクション
〈検印廃止〉　　印刷／(株)新協

製本／根本製本(株)
Printed in Japan　　定価はカバーに表示
乱丁・落丁本はお取り替えいたします。